なるにはBOOKS
136

トリマーになるには

大岳美帆 著

ぺりかん社

はじめに

　この本を手に取ったあなたは、動物にかかわる仕事がしたいなと思っているのでしょうか。犬や猫《ねこ》を飼《か》ったことがありますか。犬や猫《ねこ》は好きですか。

　一般《いっぱん》社団法人ペットフード協会《きょうかい》が行った２０２３年の全国犬猫《いぬねこ》飼育《しいく》実態調査（推計値）によると、犬の飼育《しいく》数は約６８４万４０００頭で、猫《ねこ》は約９０６万９０００頭でした。前年に比べ、合計で２万３０００頭ほど増え、約１５９１万３０００頭の犬や猫《ねこ》が飼育《しいく》されています。２０２３年４月時点の15歳《さい》未満の子どもの数がおよそ１４３５万人なので、日本では子どもの数より、家庭にいる犬や猫《ねこ》の数のほうが多いことになります。

　犬や猫《ねこ》は単にかわいがる対象としてのペットというより、家族の一員として生活をともにするパートナーという意味で、コンパニオン・アニマル（伴侶《はんりょ》動物）という考え方も浸《しん》透《とう》してきました。街を歩けば、さまざまな犬種に出会います。純血種の猫《ねこ》の人気も根強いといいます。医療《いりょう》や食事の進歩によって、犬や猫《ねこ》が長生きできる時代になった今、犬や猫《ねこ》の健康で快適な生活をサポートするトリマーの存在はますます重要になってきています。

　トリマーとはひと言でいえば「ペットの美容師」です。語源はトリミング。スマートフォンなどで撮影《さつえい》した画像や動画の、不要な部分を切り取って整える加工のことをトリミングといいますが、まさにそれと同じです。犬や猫《ねこ》のトリミングとは、シャンプーをして不要な毛をカットし、身だしなみを整えることをいいます。

欧米《おうべい》諸国などではトリマーという名称《めいしょう》は使わず、シャンプーやカットも含《ふく》め、爪切《つめき》りや耳掃除《そうじ》など全身の手入れのことを「グルーミング」といい、それを行う人を「グルーマー」と呼んでいます。グルーマーももちろん犬や猫《ねこ》の全身のお手入れができるプロフェッショナルです。

ただ日本では、トリマーという呼び名が定着しているため、この本のタイトルには「トリマー」を使いました。トリミングとグルーミングについては、本文でもう少しくわしく説明しているので、そちらを読んでみてください。

今、トリマーは活躍《かつやく》する場も多様になっています。ペットサロンやペットショップに勤めるだけでなく、飼《か》い主の家に出張してトリミングしたり、動物保護団体の施設《しせつ》で活動したり、自分の知識と技術を活かせる場が増えているのです。この本には、それぞれの持ち場で、飼《か》い主とペットたちの力になっているトリマーの頼《たの》もしい姿を紹介《しょうかい》しています。この本によって、犬や猫《ねこ》の健康的な生活と、本来その種がもっている美しさを保てるよう、サポートできるトリマーが増えることを期待してやみません。

著者

トリマーになるには　目次

【1章】ドキュメント ペットの健康で快適な生活をサポート

【2章】トリマーの世界

［3章］なるにはコース

※本書に登場する方々の所属などは、取材時のものです。

[装幀] 図工室　[カバーイラスト] 和田治男　[本文写真] 大岳美帆

「なるにはBOOKS」を手に取ってくれたあなたへ

「働く」って、どういうことでしょうか?

「毎日、会社に行くこと」「お金を稼《かせ》ぐこと」「生活のために我慢《がまん》すること」。

どれも正解です。でも、それだけでしょうか? 「なるにはBOOKS」は、みなさんに「働く」ことの魅力《みりょく》を伝えるために1971年から刊行している職業紹介《しょうかい》ガイドブックです。

各巻は3章で構成されています。

[1章] **ドキュメント** 今、この職業に就いている先輩《せんぱい》が登場して、仕事にかける熱意や誇《ほこ》り、苦労したこと、楽しかったこと、自分の成長につながったエピソードなどを本音で語ります。

[2章] **仕事の世界** 職業の成り立ちや社会での役割、必要な資格や技術、将来性などを紹介《しょうかい》します。

[3章] **なるにはコース** なり方を具体的に解説します。適性や心構え、資格の取り方、進学先などを参考に、これからの自分の進路と照らし合わせてみてください。

この本を読み終わった時、あなたのこの職業へのイメージが変わっているかもしれません。

「やる気が湧《わ》いてきた」「自分には無理そうだ」「ほかの仕事についても調べてみよう」。

どの道を選ぶのも、あなたしだいです。「なるにはBOOKS」が、あなたの将来を照らす水先案内になることを祈っています。

ペットの健康と美しさを守る

トリマー

■さまざまな職場と仕事■

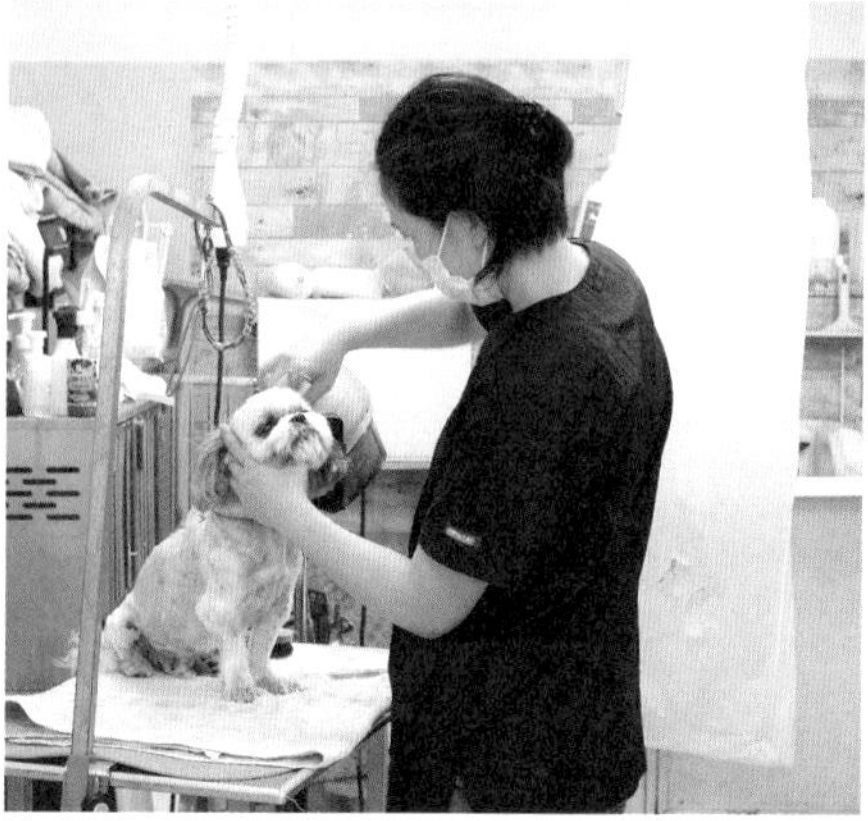

目や耳、皮膚をチェックしたあとシャンプー。
そしていよいよカット開始

1ミリ単位で雰囲気がかわってしまうので慎重に

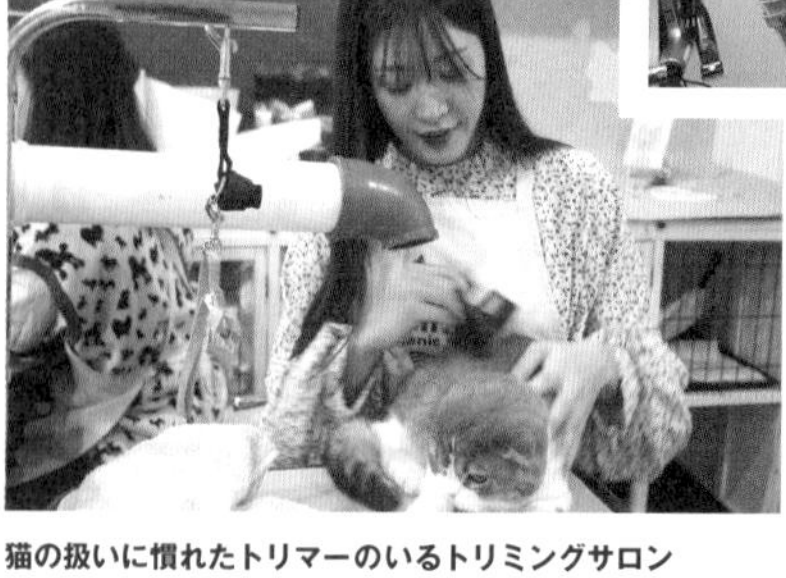

猫の扱いに慣れたトリマーのいるトリミングサロン

ペットサロンやトリミングルームですばやく仕上げる

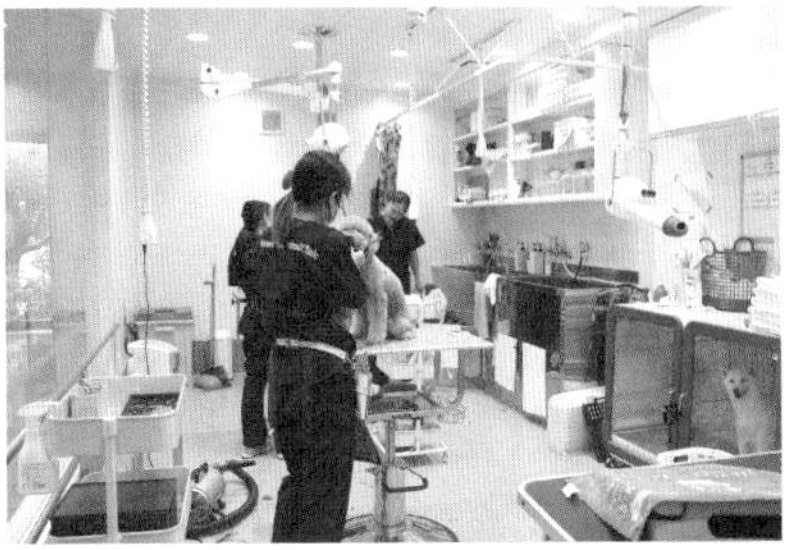

動物病院にあるトリミングルーム

歯周病にならないように、デンタルケアも大切な仕事

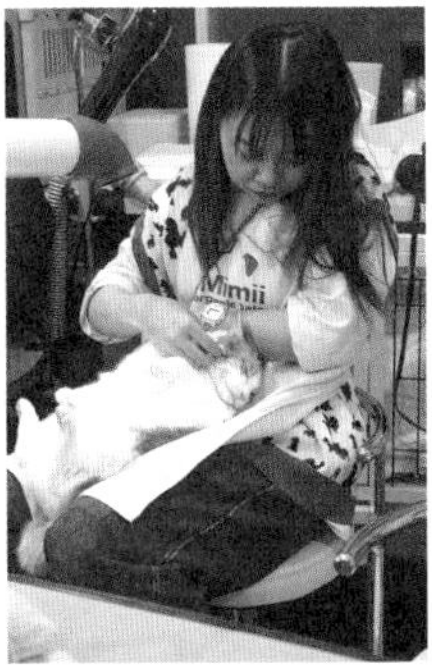

皮脂や汚れを取り除き
皮膚病を防止

ペットシーツやケージを積んで送迎車も活用！

トリマーの技術と工夫！

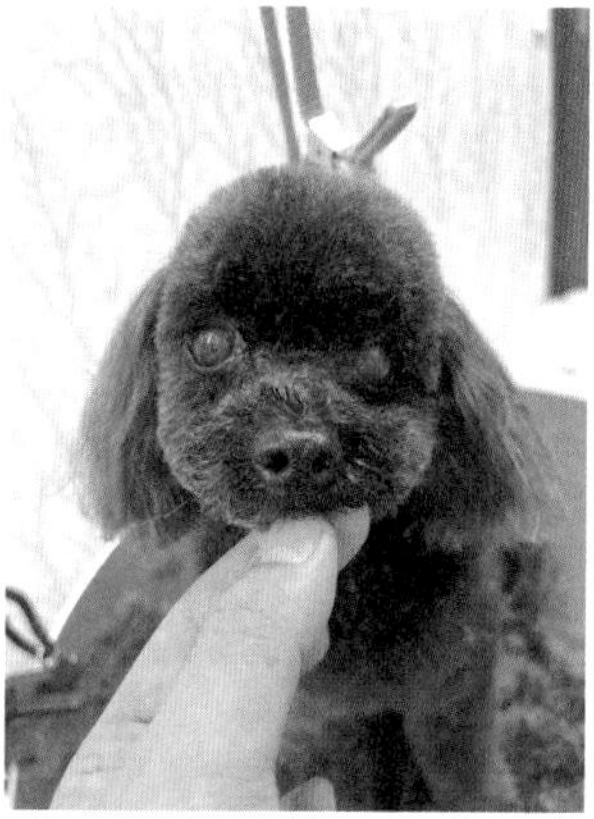

カットのビフォア、アフターは大変身！

自分に合った器具・道具を使い分ける

丸くてふわふわトイプードルの人気カット
「ハートカット」

カットの技術力とサービス業としての特徴いろいろ

隠れ家風の店舗入り口は幟を目印に。
メニュー看板も個性的

個人店ドッグスパ　シャインフォレスト

店舗の横にはミニドッグラン。
トリミングの待ち時間に犬もリフレッシュ

自動販売機の売り上げの一部を
日本動物愛護協会の活動へ

■ なるための実習を見てみよう！■

トリミング

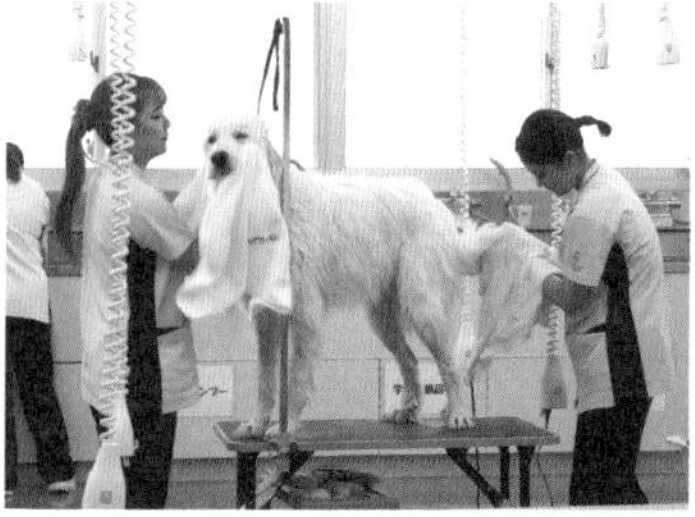

大型犬のシャンプーとドライングは体力勝負

さまざま犬種にふれて、技術をみがく

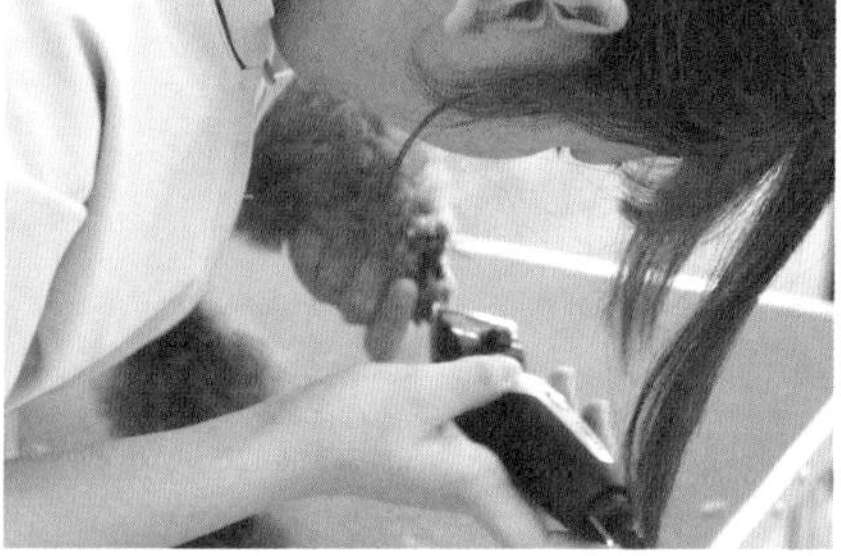

カットに集中しながらも犬のようすに気を配る

多くの犬種にふれて技術を習得

実習で使う主な器具・道具は学校で購入

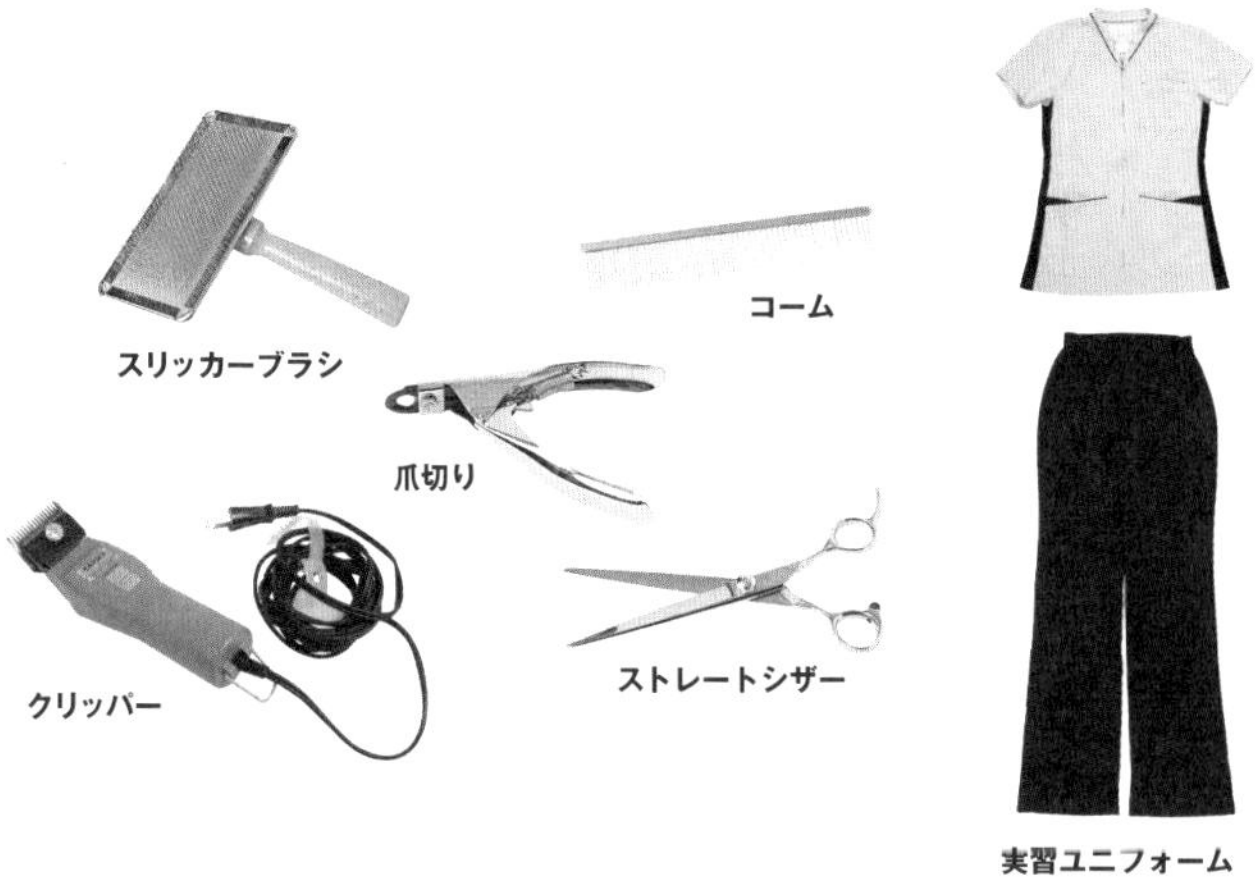

写真　中央動物専門学校提供

学んだ技術を競う！

学校で学んだ知識・技術が試される、トリミング全国大会。一般社団法人全国動物専門学校協会主催のＡＡＶ全国選抜トリマー選手権大会では、その成果が花開く。代表の学生がミドルクラス、サロンクラス、ハイクラスなどにチャレンジ、最後まで競技に挑む。

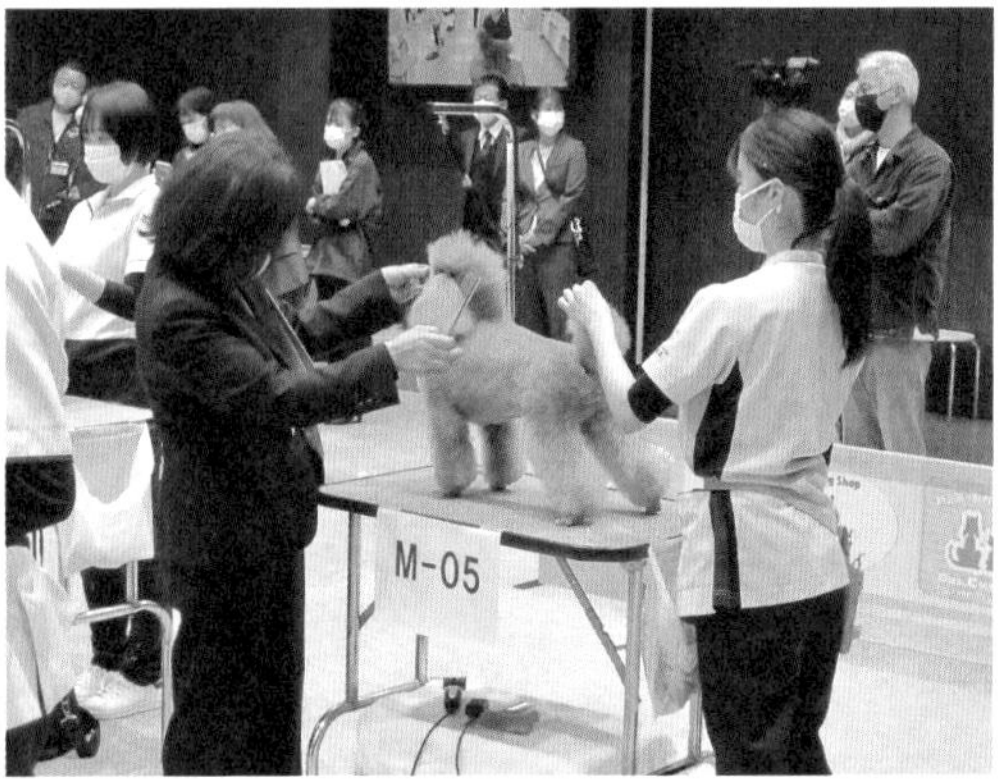

ミドルクラスのようす。入賞者は表彰

サロンクラス

ハイクラス

写真　中央動物専門学校提供

1章

ドキュメント

ペットの健康で快適な生活をサポート

ドキュメント 1

動物看護師からトリマーに。願い通りの店をオープン

スキンケアを得意としがんばるトリマーを応援

ペットケアショップ ブルーム
斉《さい》藤《とう》智《ち》江《え》さん

斉藤さんの歩んだ道のり

1980年神奈川《かながわ》県川崎《かわさき》市で生まれ育つ。高校卒業後、国際動物《こくさいどうぶつ》専門学校へ入学。卒業後、動物病院に就職。動物病院で動物看護師兼《けん》トリマーとして4年半ほど勤める。当時からの夢《ゆめ》だったセルフシャンプーの設備を備え、トリミングだけでなく、気軽にペットの相談にのれるトリミングサロンとして2004年10月にBLOOM（ブルーム）をオープン。愛玩動物看護師資格取得。

動物にかかわる仕事がしたい

「最初はトリマーになろうと思っていたわけではないんです。だって、直線的なハサミを使って、犬の毛を丸くかわいくカットするんですよ。どうしてそんなことができるの？と思っていました」

笑いながらそう語る斉藤智江さんは、ペットケアショップ「ＢＬＯＯＭ（ブルーム）」の店長であり、トリマーです。トリマーをめざしていたわけではなかったという斉藤さんが、トリミングと犬のセルフシャンプーの店を開き、今はフリートリマーを応援《おうえん》する活動にも取り組んでいます。いったいどんな道のりを、どんな思いで歩みながら、トリマーとしての生活を充実《じゅうじつ》させていったのでしょうか。

オープンして20年になる斉藤さんの店ブルームは、大通りにも面していて、犬の送り迎《むか》えが必要なトリミングサロンにとって、とても恵《めぐ》まれた環境《かんきょう》にあります。

小さい時から家には犬や猫《ねこ》がいて、斉藤さんにとってはそれがあたりまえの生活でした。そのため、将来は動物関係の仕事をしたいと思っていました。高校生になるころには、動物関係の仕事のなかでも「獣医師《じゅうい し》」に的がしぼられていきました。「犬や猫《ねこ》のケガや病気を治してあげたいな。動物のケガや病気を治せるなんて、カッコいいと思ったんです」。

でも、獣医師になるには6年間、大学に通わなくてはいけません。そこで斉藤さんは冷静に考えました。考えた末に出た答えは「そんなに勉強をするの、私にはちょっと無理かも」でした。「それなら、せめて動物看護師になって、犬や猫《ねこ》をケアしてあげたい」、そこで動物看護師になることが目標になりました。

斉藤さんが動物看護師をめざした当時、動物看護師は民間団体の認定資格で、その資格をもった認定動物看護師が、動物病院などの現場で活躍《かつやく》していました。しかし、近年、人間の医療《いりょう》と同じように動物の医療《いりょう》も高度化し、動物看護師の質の向上や資格の統一が必要となり、2022年5月に「愛玩《あいがん》動物看護師」という国家資格が誕生《たんじょう》しました。

これによって、愛玩《あいがん》動物看護師の国家資格がなければ、愛玩《あいがん》動物看護師の名称《めいしょう》も、動物看護師や動物看護士などの名称《めいしょう》も、使用できなくなりました。インタビュー内では名称《めいしょう》として「動物看護師」と使いますが、あくまでも当時の認定動物看護師のことです。

2024年に斉藤さんはこの国家資格を取得しました。

別の夢《ゆめ》ももっていた

さて、動物看護師になりたいと思った斉藤さんは、高校時代、地元の動物病院でアルバイトをしました。そこで動物看護師の役割や仕事の流れなどを学び、高校卒業後は国際動物専門学校の動物看護学科（当時）に進学。2年間学んだ後、認定動物看護師の資格を取得して、動物病院に就職しました。

その動物病院では診療《しんりょう》のほか、トリミングも受けつけていたので、斉藤さんは診療《しんりょう》の補助のほか、トリミングを任されました。斉藤さんが通っていた専門学校では、動物看護学科でもグルーミングや基本的なトリミングも学びます。だからトリミングができないわけではありませんでした。でも、苦手意識が強かったのです。それが「どうしてそんなことができるの?」という言葉になったわけです。

動物病院でのトリミングは、一日2頭くらいのペースでしたが、数をこなすうちに、トリミングへの苦手意識も、だんだんうすらいでいきました。動物看護師はやりがいのある仕事でした。でも斉藤さんの胸の中には、ずっと思い描《えが》いていた夢《ゆめ》があったのです。それは「セルフシャンプーの店を出すこと」でした。

「セルフシャンプーの店」とは、飼《か》い主が自分で犬をシャンプーする設備のある店のことです。セルフシャンプーの店は今でこそ増えていますが、斉藤さんが夢《ゆめ》として思い描《えが》いていた20年以上前は、それほどポピュラーではありませんでした。

セルフシャンプーにこだわったのは、家でバーニーズ・マウンテン・ドッグ、通称《つうしょう》「バ

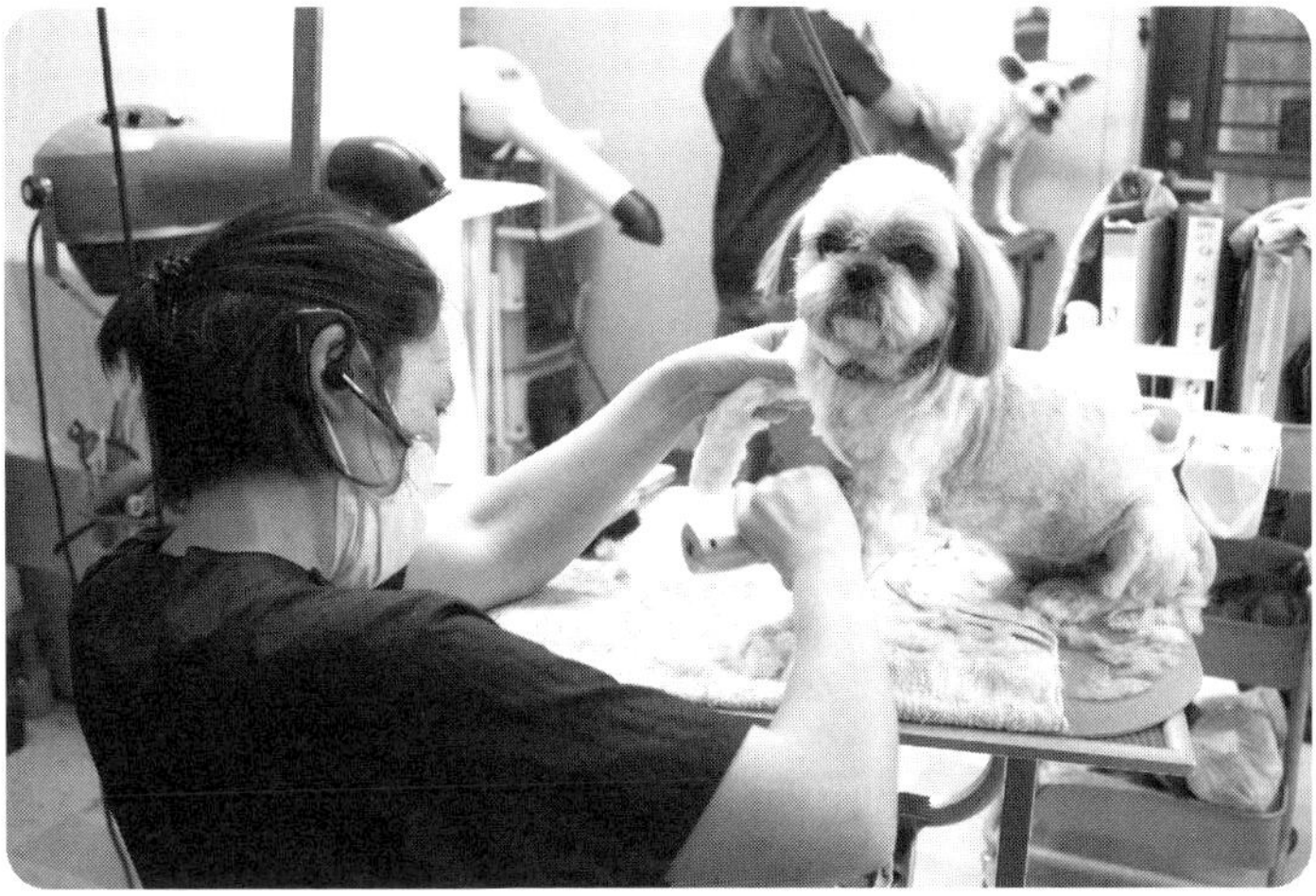

作業中の斉藤さん。ハンズフリーでも対応できるよう耳元にはインカムを装着

ーニーズ」という大型犬を飼《か》っていたからです。バーニーズは山岳《さんがく》地帯で荷物の運搬《うんぱん》などの力仕事をしていたスイス原産の犬で、体高は60センチを超《こ》え、体重も40キログラム以上というのが一般《いっぱん》的です。斉藤さんのバーニーズは体重が50キログラムもある大きさだったので、家で洗うのは大変！　そこで大型犬を洗えるドッグバス（ペットの浴槽《よくそう》）があって、パワフルな風が出るプロ仕様のドライヤーが備えつけられた、セルフシャンプーの店があったらいいなあと思っていたのです。

念願のセルフシャンプーの店

動物病院でトリミングを担当し、皮膚《ひふ》トラブルをかかえた犬や、ほかのトリミングサロンでこわい思いをして、トリミングが苦手になってしまった犬を何頭も見ているうちに、斉藤さんはもっと時間をかけて、その飼《か》い主の相談にのってあげたいと思うようになりました。動物病院にいたのでは、それができないと思い、考えた末、病院を辞める決心をしました。

すると、斉藤さんがセルフシャンプーの店をやりたいということも知っていた先生が、その夢《ゆめ》を後押《あとお》しするようなことを言ってくれたのです。「セルフシャンプーの店の中で、トリミングもやりなさい。これまで斉藤さんが担当してきたすべてのお客さんを、斉藤さんの店でやればいい」と。

そこからが急展開でした。たまたま斉藤さんの父親がもっていた土地が、何も使われないままになっていたので、そこが使えることになりました。さらに、斉藤さんのやりたいことを聞いた祖父母が、設備費などを援助《えんじょ》してくれることになり、大型犬も洗えるセルフシャンプー設備を備えたトリミングサロン計画は、ぐんぐん進展していったのです。

ところが、セルフシャンプーの店を出すと聞いた友人知人のほとんどが、その計画には反対でした。「セルフシャンプーをしたいという飼《か》い主さんは、犬にお金をかけたくない人だろうし、トリミングのお客さんも増えないから、やめたほうがいい」とまで言うのです。

でも斉藤さんは、シャンプーをする場所がないという飼《か》い主や、自分でやってみたいと思っている飼《か》い主が、きっといるはずだと確信していました。そのためドッグバスもドライヤーも、大型犬を十分にシャンプー、ケアできる設備を選び、セルフシャンプーの部屋には斉藤さんがトリミング用に使うトリミン

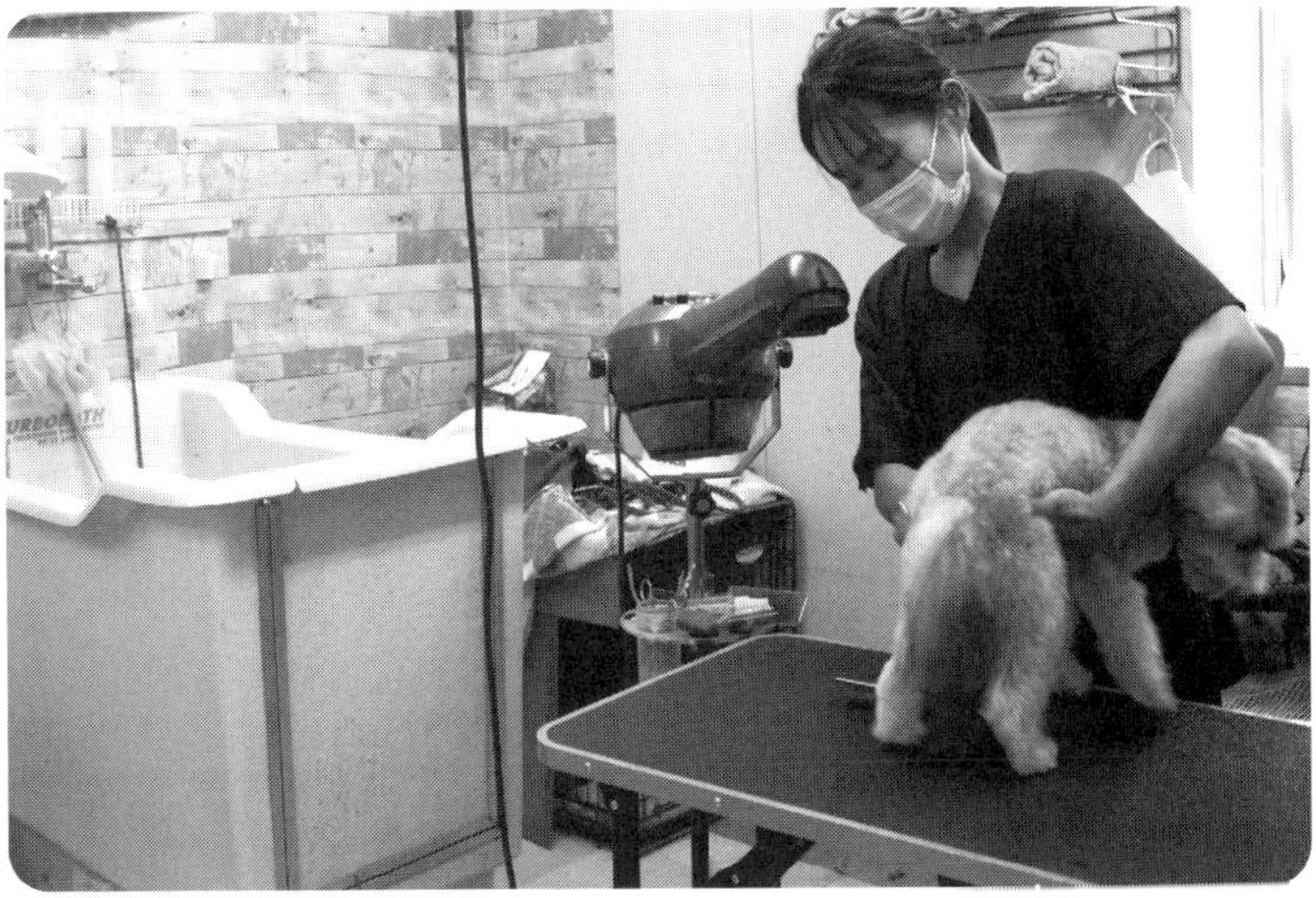
トリミング台のすぐそばにはセルフシャンプースペース

大型犬もゆったりの大きなドッグバス

グ台のほかにお客さん用にもう1台、大きなドッグバスも2台配置しました。

店名はトリミング用語で「完成された」という意味の「Blooming（ブルーミング）」という言葉と、英語の「開花」という意味の「Bloom（ブルーム）」を合わせて、「自分の思う完成形をめざす」という思いをこめて「ブルーム」にし、２００４年10月にオープンすることができました。

利用するのは愛犬家ばかり

いざオープンしてみると、セルフシャンプーをしに来るのは、予想されていたような犬にお金をかけたくない人ではなく、犬をかわいがっていて、自分の愛犬にはできるだけ、自分でいろいろしてあげたいと思っている人たちでした。

大型犬も利用しますが、チワワやミニチュア・ダックスフンド、ポメラニアンなど、小型犬の飼《か》い主が、思いのほかたくさん訪れます。家でシャンプーはできても、トリミング台をもっている人は少なく、また、お客さんたちはプロ用の道具がそろっていることがうれしいようで、愛犬の世話を楽しんでいる人ばかりでした。そんなお客さんに斉藤さんは、トリマーとして、アドバイスもしてあげています。

「アドバイス通りにやって、うまくいくとうれしくなるらしく、親子や夫婦でいろいろなことをしゃべりながら、楽しそうにやっています。コミュニケーションの時間にもなっているみたい。最終的には、それが犬のためになるんですよね」と、斉藤さんは満足そうに話してくれました。

そんなトリミングルームの隅《すみ》に、大きめのケージ（動物を飼《か》うためのおり）が置いてあります。中にいたのは茶色い中型のミックス犬で、名前はジーノ。斉藤さんが預かっている保護犬です。保護犬というのは、何らかの事情で動物保護施設《しせつ》に引き取られた犬のことで、テレビ番組などで取り上げられたことから、最近ではその存在がかなり知られるようになりました。ジーノの新しい飼《か》い主が見つかるまで、斉藤さんがボランティアで預かっているのです。

2007年から保護犬の預かりボランティ

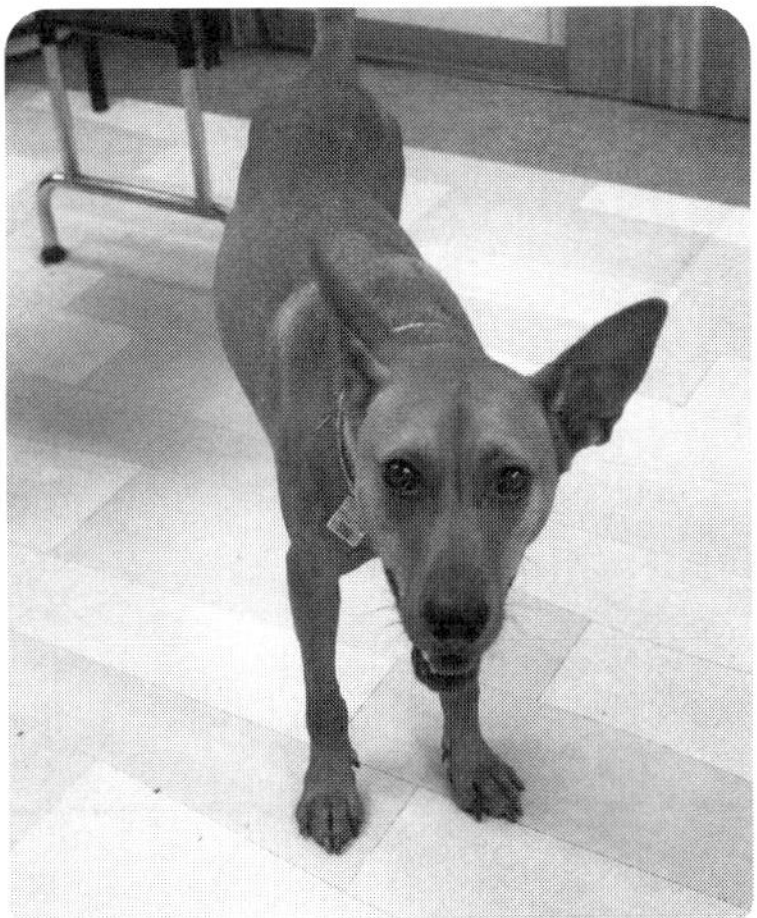
保護犬のジーノ。ようやく人にも慣れてきた

アを始め、これまで何頭もの保護犬を預かり、新しい飼《か》い主との縁《えん》を結んできました。犬や猫《ねこ》の保護活動や、保護犬の魅力《みりょく》を伝えるために、斉藤さんが預かっている保護犬を店に連れてくるようになってから、保護犬を飼《か》っている人がセルフシャンプーを利用するようになったり、保護犬の飼《か》い主同士が、店を利用して情報交換《こうかん》をしたり、ほかのお客さんたちの保護犬への理解も深まり始めました。

保護犬に教えてもらったこと

斉藤さん自身も保護犬を預かったことで、トリミングへの考え方が変わったといいます。保護犬と接するようになる前は、犬よりも自分が上に立って、リーダーシップをとらないと、犬は言うことを聞いてくれないのではないか、トリミングもできないのではないかと思っていました。けれど、今では犬の気持ちを、できるだけくみ取ることを大切にしています。何をやられたらいやか、どうされれば犬は安心して任せてくれるようになるか、常にそれを考えるようになりました。

「保護犬のなかには人に捨てられてしまった犬もいて、人を信用できなくて、思うようにならない子が多い。トリミングをされたいと思っているわけじゃないだろうから、これなら何とかがまんできるかなとか、こういうふうにしてもらえるなら、トリミングされてもいいかなと、その子が受け入れられるように、妥協《だきょう》点を見つける努力をしています」

そうした気配りと技術を、すべてのお客さんの犬にも自然と提供できるようになり、トリミングの常連客がだんだん増えていきました。1年分予約をするお客さんも年々増え、予約が取りづらくなっています。

　今、特に力を入れているのが、皮膚《ひふ》病のケアです。皮膚《ひふ》にトラブルをもっている犬や、そのために痒《かゆ》がる愛犬を治してあげられずに、苦しんでいる飼《か》い主が多いため、何とかしてあげたいと強く思いました。まず皮膚《ひふ》病にならないように予防をするにはどうしたらいいか。いろいろ調べ尽《つ》くした末に、斉藤さんはスキンケアに特化したシャンプーと保湿剤《ほしつざい》にたどり着きました。

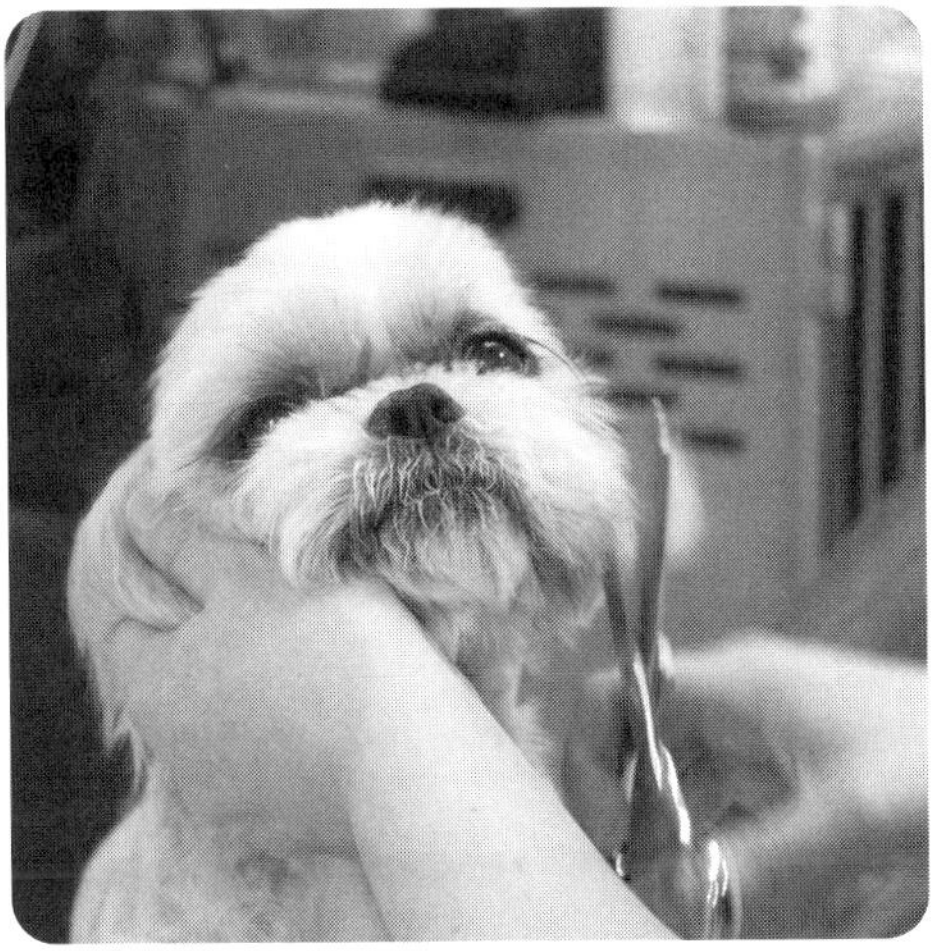

常連のシーズー、マロくんはリラックス

　スキンケアによって皮膚《ひふ》を土台から整えていき、皮膚《ひふ》病になりにくい皮膚《ひふ》をつくることに、力を注いでいます。斉藤さんの手によって皮膚《ひふ》が変化し、ひどい状態だった皮膚《ひふ》に毛が生えてきた犬もいるそうです。

「シャンプーやカットによって、犬をきれいにしてあげるだけでなく、トリマーでも皮膚《ひふ》の改善方法を研究し、実際に改善してあげることもできる喜びを感じました」と言う斉藤さん。皮膚《ひふ》トラブルの電話相談は全国から寄せられ、遠方からわざわざ相談に訪れる飼《か》い主もいるため、休業日に愛犬の皮膚《ひふ》トラブルで悩《なや》む飼《か》い主向けのセミナーを行っています。有効なスキンケアの方法を広め、それができるトリマーを増やしたいといいます。

フリートリマーにチャンスを

先日、毎月1回店に来る飼《か》い主に「ブルームに来ることが、もう生活の一部になっています。友だちだって、毎月会う人はそうそういないし、斉藤さんとは親戚《しんせき》や友だちよりひんぱんに会っているよ」と笑いながら言われたそうです。

これに対して「トリマーは、飼《か》い主の生活の大切な一部にかかわる仕事です。飼《か》い主さんの私生活は知らないいし、犬はもちろん飼《か》い主さんの犬なのですが、自分もその子の一生にかかわり、いっしょに育てているという気持ちになります。何頭もかかわっているので、家族がいっぱいいるみたいな感じです。

また、飼《か》い主さんだけでなく、犬が心を許してくれたなと思う瞬間《しゅんかん》や、信頼《しんらい》されている

店内。奥にトリミングルームがある

なと感じる瞬間《しゅんかん》があり、それをじかに感じられるのは、この仕事の味わいであり、楽しさだと思います」と、トリマーの魅力《みりょく》を語ってくれました。

斉藤さんは、セルフシャンプーのスペースとは別にトリマー専用のスペースを設け、2019年10月からフリーランストリマー（以下、フリートリマー）の受け入れを開始しました。フリーランスとは、企業《きぎょう》や団体などに所属せずに、個人で仕事を請《う》け負う働き方です。近年、フリートリマーが増えていることを受けて、犬のためにもっと何かをしたいと思っているフリートリマーや、子育てのために休職しているけれど、時間がある時に働きたいといったトリマーのために、専用スペースをつくったのです。

それは、犬のことを第一に考え、犬のためになるトリマーが、長く仕事をできるようにすること、そのために悩《なや》んでいるトリマーを救いたいという考えからでした。フリートリマーに仕事をしやすい環境《かんきょう》を提供することは、犬のためになることであり、自身の刺激《しげき》や勉強、情報交換《こうかん》にもなるし、おたがいの技術の向上にもつながると考えています。

登録するトリマーは犬にていねいに接することができる人が絶対条件。希望するすべての人が登録できるとは限りませんが、ゆくゆくはフリートリマーがもっと身近になり、「ブルームに登録しているトリマーだから安心！」と言われることをめざしています。

トリマーの活動の幅《はば》は思いのほか広く、犬や猫《ねこ》のためにできることは、たくさんあるということを、斉藤さんから教わった気がします。

ドキュメント 2

大型チェーン店勤務を経て地域密着型サロンを実現

夢は50店舗をオープンすること トリマーの魅力も発信中

ドッグスパシャインフォレスト
長《なが》澤《さわ》佑《ゆう》樹《き》さん

中央動物専門学校提供

長澤さんの歩んだ道のり

1990年埼玉《さいたま》県さいたま市で生まれ育つ。高校卒業後、理学療法士《りがくりょうほうし》を養成する専門学校へ通うが中退し、トリマーをめざして中央動物《ちゅうおうどうぶつ》専門学校に入学。卒業後、ペットショップやグルーミングサロン、ペットホテルなどを手がける大手企業《きぎょう》に就職。10年間勤めて退職し、2022年8月、実家の1階にドッグスパシャインフォレストをオープンした。

理学療法士《りがくりょうほうし》かトリマーか

長澤佑樹さんの店ドッグスパシャインフォレストは、埼玉県浦和《うらわ》駅の西口から、埼玉県庁や裁判所合同庁舎、さいたま市役所などの主要な行政機関を通り過ぎ、細い路地を入った静かな住宅街の中にありました。

キャッチフレーズは「別所沼《べっしょぬま》公園そばの隠《かく》れ家トリミングサロン」。メニュー看板も決して派手ではないので、幟《のぼり》がなければ、見落としてしまいそうな住宅の門がまえ、まさにとして隠《かく》れ家といった趣《おもむき》です。けれど、実際には地域のお客さんがつぎつぎに訪れるので、隠《かく》れ家とはほど遠い、地域の頼《たよ》れるお店といったようす。

トリミングルームは6畳《じょう》間二つくらいの広さですが、やわらかな雰囲気《ふんいき》の丸いトリミングテーブルが2台と、大型犬も入れるドッグバスが設置されています。トリミングルームは全面ガラス張りなのですが、このガラス、実はマジックミラーになっています。

飼《か》い主は外側から、愛犬がトリミングされているようすを見学することができますが、犬は中から、外側にいる飼《か》い主が見えません。そのため、犬はソワソワすることなく、落ち着いてトリミングを受けることができますし、トリマーも鏡を確認しながら、施術《せじゅつ》することができます。

長澤さんがトリマーを養成する専門学校に入学したのは2010年ですが、その前にまったく異なる分野の専門学校に通っていました。高校時代に迷った進路は、理学療法士《りがくりょうほうし》への道か、トリマーへの道か、でした。この二つは共通するものがないように思えますが、長澤さんにとっては、どちらも好きなものから発生した進路です。

がっちりした体格で、見るからにアスリートタイプの長澤さんは、聞けば案の定、野球少年で、高校時代も野球一色でした。野球選手をはじめ、スポーツ選手にはケガがつきものです。将来、プロ野球の選手にはなれないと思ったので、それならスポーツ選手の力になる仕事をしよう。ケガや故障からの回復を助け、選手生活や日常生活に復帰できるよう、支援《しえん》する理学療法士《りがくりょうほうし》になろうと思ったのです。

大型チェーン店に就職

一方、日常生活では動物好きで、小学生の時からずっと「犬が飼《か》いたい」と言い続けていました。獣医師《じゅういし》でも動物看護師でもなく、トリマーが候補だったのは、きれいにして喜ばれる仕事に魅力《みりょく》を感じたからです。犬を飼《か》うという念願が叶《かな》い、大型犬のゴールデン・レトリバーを飼《か》い始めたのは、高校を卒業するころでした。

ただ、その時には理学療法士《りがくりょうほうし》を養成する専門学校への進学を決めていました。ところが、専門学校に通い始めたものの、何だか気持ちがのらず、将来がぼんやりしてきました。「ピンとこないな」と思いながら勉強を続けましたが、迷ったあげく、2年生に進級する前に中退することに……。

長澤さんには、やはり挫折《ざせつ》感がありました。自分に残された道はトリマーになること。そう思って、退路を断つために「将来、必ず自分の店をもつ」ことを胸に誓《ちか》い、中央動物専門学校の愛犬美容科に進学したのでした。

トリミングの勉強は、とても楽しかったと

いいます。学校で飼《か》っている校育犬には、小型犬が多いのですが、シャンプー実習では大型犬も扱《あつか》います。たくさんのカットモデル犬にふれ、技術を習得していきました。苦労したのは、やはり犬との接し方でした。シャンプーをするにしても、カットをするにしても、先生がするとおとなしいのに、長澤さんがすると大暴れ。自分がうまくできないことを、犬に見ぬかれているのか!?

少ない男子学生のなかでも大柄《おおがら》な長澤さんが、いきなりパッと動いて、何かしようとすれば、慣れているモデル犬とはいえ、こわいに違《ちが》いありません。まずは質の高いカット技術より、犬を不安にさせないアプローチ、見ていて安心できる施術《せじゅつ》を身につけようと思いました。

2年生になるとインターンシップで、サロ

トリミング中の長澤さん　　中央動物専門学校提供

ン実習を経験します。長澤さんは個人店でも、大型店でも実習しました。就職は、学校に届いていた求人情報から、ペットショップや動物病院、トリミングサロンの運営やペット用品販売《はんばい》も手がける総合企業《きぎょう》グループにトリマーとして入社することができました。

その大手企業《きぎょう》は、チェーン店が各地にあります。長澤さんは3年目で埼玉県内の店長になり、その後、東京《とうきょう》都内だけでなく、茨城《いばらき》県や栃木《とちぎ》県、千葉《ちば》県の店舗《てんぽ》のエリアマネージャーも経験しました。エリアマネージャーというのは、都内なら都内の特定のエリアにある店の売り上げの管理や顧客《こきゃく》対応、スタッフの教育など、幅広《はばひろ》く担当エリアの運営を担う役割の人をいいます。トリミングの技術以上に、コミュニケーション能力やリーダーシップが必要となる仕事です。

店をもつという宣言を実現

地域によって客層が違《ちが》うので、長澤さんはその地域にはどんなニーズがあるかを考えて、顧客《こきゃく》対応をしていきました。また、国内だけでなく、海外にも視察に行ったといいます。

いつか店をもつことを目標にしていた長澤さんにとって、じかに経営を学べた大型店での10年間は、得るものが多く、とてもいい経験になりました。そして、同僚《どうりょう》だったトリマーの愛《めぐみ》さんと結婚《けっこん》。

「彼女《かのじょ》は大宮国際《おおみやこくさい》動物専門学校を卒業し、僕《ぼく》よりもトリマー歴が長いんです。海外で現地トリマーの指導をしたり、エリアマネージャーも経験しているので、仕事でも私生活でも、大事なパートナーです」

さまざまなノウハウを身につけ、心強いパ

ートナーとともに、いよいよ2022年に独立。「自分の店をもつ」という夢《ゆめ》を実現させました。

「僕《ぼく》の店のコンセプトは〝お客様が安心して預けられる場所〟です。トリミングルームのガラスを、マジックミラーにしたのも、そのためです。カット技術も大切ですが、多くのお客様が求めているものは〝安心感〟、そして、そこから生まれる信頼《しんらい》関係だと思うんです。そこで、マイクロバブルやデンタルケアなどのいろいろなオプション・メニューも生きてくるのです。

今年は夏に、店の横の駐車場《ちゅうしゃじょう》にプールを広げて、プールイベントをやりました。オープン1周年記念の会を開催《かいさい》したり、お客様との交流も大切にしています」

トリミングはだいたい一頭、2時間半を目

トリミング見学室。ガラスはマジックミラーになっていて犬からは飼い主が見えないつくり　小林千芳撮影

安にしています。シャンプーだけの依頼《いらい》もありますが、土曜日や祝日で依頼《いらい》が多い時は、2人で8頭くらいのトリミングをします。お客さんには小型犬、特にトイプードルが多いそうですが、大型犬も積極的に受け入れています。

「80キログラムのセント・バーナード（山岳《さんがく》救助などに活躍《かつやく》したスイス原産の大型犬）も頼《たの》まれたことがあります。トリミング台には上げませんが（笑）、シャンプーして、爪切《つめき》りして、耳掃除《そうじ》をして。先日は1回カットもしました」

ほかのサロンで断られてしまうことも多いという大型犬でも、元アスリートで体格もよく、筋トレが趣味《しゅみ》の長澤さんには、ものおじする理由はありません。

横に扉がついているドッグバス。大型犬も無理なく歩いて入れる　取材先提供

どんな経験も貴重な財産に

トリマーの仕事は犬の大きさより何より、言葉を話せない犬と、どのようにうまくコミュニケーションをとっていくかが、課題です。犬の表情、しっぽの振《ふ》り方を見て、力の入れ方を加減したり、今、何をいやがっているかを察したり、長澤さんも10年やってきたからわかるようになりましたが、1、2年目のころはまったくわかりませんでした。それを学ぶのにいちばん苦労しました。動画を見ても、実感としてつかめなければ、身につかないので、やはり経験から学ぶしかありません。

そう思っている長澤さんですが、独立後、犬とのコミュニケーションよりも、飼《か》い主とのすり合わせに苦労したことがあった、と話してくれました。

「お客様が求めているカットのゴールと、僕《ぼく》が思っているゴールが食い違《ちが》うことがたまにあって、仕上げてお返ししたら『ちょっと違《ちが》う』と言われたことがありました。『こんな感じにしてほしい』ということを、細かく聞いていたのですが、お客様の頭の中にあるイメージとは違《ちが》ったみたいで……。イメージしているものを、どこまでその通りに再現できるかは、難しいところです。

1回しか来ない方は何人もいらっしゃいますよ。仕上がりのイメージが違《ちが》ったんでしょうね。1回で来なくなった方がいても、それを気にしていたら、続けられません。相性もあるでしょうし、ある程度、メンタルの強さが必要な仕事だと思います」

けれど、こうした苦労も重要な経験のひとつです。技術的に向上したいと思えば、SN

S（ソーシャルネットワーキングサービス）を利用することで、かなりの情報を仕入れることができます。カットスタイルには流行もあり、トリマーになってもスキルアップの勉強に終わりはありません。

長澤さんも動画配信サイトなどを見て、学んでいます。イベント先で行われるカットの実演や講習会に参加したり、メーカーが主催《しゅさい》するオンライン講習を利用することもあります。情報を仕入れたり、技術を学ぼうと思ったら、方法はいくらでもありますが、お客さんとのやりとりは、サロンに立ってはじめてできる本人だけの経験なので、どんなことも貴重だと長澤さんは思っています。

トリマーの魅力《みりょく》を知ってほしい

2023年の秋、長澤さんは母校の中央動

講演活動中の長澤さん　取材先提供

物専門学校の2年生を対象に、100分間の講演をしました。自分がどんな学生時代を送り、どんな道を歩んで独立したかということ、また、独立して店をもつことの大変な点などを話しました。すでに就職が決まった学生もいましたが、学生時代には経験しておくといいこと、やりたいことへの考え方なども伝えました。

自分から講演の働きかけを行い、母校からそのチャンスをもらったのですが、以前から長澤さんは積極的に小・中学校に電話をかけ、講演をさせてほしいと頼《たの》んでいました。なぜなら小・中学生に、トリマーの世界を知ってほしいと思っていたからです。

今、全体的にトリマーの数が少ないといわれています。犬や猫《ねこ》の飼育《しいく》数は増加傾向《けいこう》にあるのに、それに対してトリマーの数が足りていないというのです。「こんなに楽しい仕事なのに」と嘆《なげ》く長澤さん。

トリマーの仕事のすてきなところも、大変なところも、正しく知ってもらいたい。長く続けるコツや収入を増やすポイントなど、自分が知っている範囲《はんい》できちんと伝えたい。

そんな思いで、ある小学校に電話をしたところ、埼玉県さいたま市には子どもたちが将来を考えるに当たって、参考になる話をしてくれる「未来くる（みらくる）先生」の派遣《はけん》制度があることを知りました。その道のプロに、市立幼稚園《ようちえん》、小・中・特別支援《しえん》学校で、参考になる講話や体験的な活動を取り入れた授業をしてもらう制度です。長澤さんはさっそく講師登録をしたところ、特別支援《しえん》学校でトリマーの技術を披露《ひろう》する機会を得ることができました。今後もトリミングの仕事の合間に、トリマーの仕事を広げる活動は積極的にしていくつもりです。

笑顔《えがお》の自分を想像できますか

長澤さんには大きな夢《ゆめ》があります。2年後に2店舗《てんぽ》目を開いて、さらにその1年後に3店舗《てんぽ》を開くというもの。そして40歳《さい》までに50店舗《てんぽ》をオープンしたいというのです。

「あと7年のうちに50店舗《てんぽ》を開くなんて、生半可なことではありません。たとえ50店舗《てんぽ》に届かず、何とかがんばって20店舗《てんぽ》だったとしても、がんばったことは自分の自信になると思うのです」

すでに2年後に向けて、新人トリマーを採用して、稼《かせ》げるような仕組みづくり、きちんと回るような仕組みづくりを考えています。

もし、自分がトリマーに向いているかどうか、やっていけるかどうか、不安だと思うなら、つぎのように考えるといいと言います。

まずトリマーとして働いている自分をイメージしてみるのだそうです。その働いている自分が笑顔《えがお》かどうか。長澤さんはそこをとても重視しています。お客さんに接している時、犬をカットしている時、自分がどんな感情でやっているか。そして、お客さんに向き合った時、カットした犬をお客さんに返した時、お客さんが笑顔《えがお》になっているかどうかも、想像してみるといいというのです。

「想像すること、イメージすることは、とても大事です。自分の姿をすんなりイメージできて、それが自分にとって心地よかったら、その仕事は合っているんだと思います。もし想像できなかったら『違《ちが》う仕事を想像してみて』と伝えています。

妻の愛さんと

中央動物専門学校提供

　僕《ぼく》はこうして、ずっと自分と向き合ってきました。2年後に2店舗《てんぽ》目を開いた時、どうしているか想像したら、すごく楽しんでいる自分がいました。犬をきれいにできるのは、僕《ぼく》たちトリマーです。ロボットやAI（人工知能）でも代われないでしょう。この先もずっとお客様の犬を大切にしながら、安心できるサロンであり続けたいと思っています」

　長澤さんは、自分の気持ちを確認するように、うなずきながらきっぱりと言い、笑顔《えがお》を見せました。

ドキュメント 3

海外のコンテストでも好成績の実力派トリマー

ショー・クリップの腕をみがき 高い技術を提供する

ドッグサロン シェリー

畠《はた》山《やま》桃《もも》子《こ》さん

畠山さんの歩んだ道のり

1985年千葉県千葉市で生まれ育つ。高校卒業後、中央動物専門学校に入学。同校愛犬美容科を卒業後、サロンに勤めながらトリミングスクールへ通い、2014年にジャパンケネルクラブのA級ライセンスを取得。国内外のトリミングコンテストに入賞し、海外でも知られる存在になる。2020年にドッグサロンCHÉRIE（シェリー）をオープンした。

入学後の進路変更

東京都荒川区《あらかわ》の情報を発信している広報誌『ほっとタウン』に、区在住の有名人や活躍《かつやく》している人を取り上げる「荒川の人」というコーナーがあります。2023年10月号の「荒川の人」で紹介《しょうかい》されたのが、畠山桃子さんでした。訪ねた時に見せてくれた記事の見出しには「世界の強豪《きょうごう》がひしめく夢舞台《ゆめぶたい》で、プードルの理想形を追い求める。」と書かれていました。畠山さんは2016年に、世界中からトップクラスのトリマーが集まる、ヨーロッパ最大のグルーミングコンテスト「GROOMANIA（グルーマニア）」で3位に入賞。そして2019年には、日本人ではじめて総合優勝を勝ちとったトップトリマーの一人なのです。

畠山さんはもともと動物看護師をめざして、中央動物専門学校に進学しました。高校生の時のことです。飼《か》っていたハムスターが骨折し、治療費《ちりょう》を心配しながら受診した獣医師《じゅうい し》が、自分の話をよく聞いてくれ、患者《かんじゃ》の気持ちに寄り添《そ》う対応をしてくれたのです。

「動物を助ける仕事もいいなと思いました。勉強ぎらいだから、獣医師《じゅうい し》になるのは無理だけれど、がんばれば動物看護師になることはできるかも」と思い、動物看護科（現在の愛玩《あいがん》動物看護科）の1期生として入学。

動物看護科では、動物看護に関連する法律や感染症《しょう》学、動物臨床《りんしょう》検査の実習など、1年生からみっちり専門科目を学びます。それは当然のことなのですが、畠山さんは動物看護学の講義と実習についていくのがやっとでした。しんどいなあと思う日々が続く中、週に

1日だけあった美容実習が、楽しくてしかたなかったのです。

そこで、動物看護科から愛犬美容科への転科を希望し、1年生の後期から愛犬美容科の学生になりました。実は、転科するのはカリキュラムの関係で、調整が非常に大変で、先生方が日々奔走《ほんそう》してくれ、また第1期生だったからできたことでした。畠山さんは「最初で最後の転科生だったそうです」と首をすくめて言いました。

夢中《むちゅう》になって技術を習得

愛犬美容科では、トリミングについて幅広《はばひろ》い知識と、高度な技術を学びます。学ぶほどに興味深く、畠山さんの中で「うまくなりたい！」という気持ちが大きくなっていきました。トリミングのスタイルには、見た目もかわいく、犬が健やかな日常生活を送るために行うカットスタイルの「ペット・クリップ」とは別に、ドッグショーに出るための高度な技術が必要な「ショー・クリップ」というカットスタイルがあります。畠山さんは、特に手がかかるプードルのショー・クリップを極めたいと思いました。

卒業後は個人店で働きながら、週1回、著名な先生のトリミングスクールに通い始めます。その時すでに、いつか一般《いっぱん》社団法人ジャパンケネルクラブ（以下ＪＫＣ）のライセンスを取りたいと思っていました。

ＪＫＣは、純粋犬種の血統証明書を発行したり、ドッグショーや訓練競技会、トリミングやハンドリングの競技会などの開催《かいさい》を通して、犬と暮らすことの意義や楽しさを広く伝える活動をしている国際的な愛犬団体です。

３章「トリマーの資格」で説明しますが、トリマーの資格は国家資格ではなく、またトリマーになるために絶対必要な資格というものはありません。ＪＫＣは、トリミングの民間資格を発行する最大規模の団体で、そのライセンスにはＣ級からＢ級、Ａ級、教士、師《し》範《はん》があります。ＪＫＣのライセンスは知名度の高い資格のため、取得をめざす人も多いのです。

畠山さんはＪＫＣに入会し、ＪＫＣ主催《しゅさい》の競技会で入賞を重ねながらＣ級、Ｂ級を取得。母校で教員として働きながら、２０１４年に

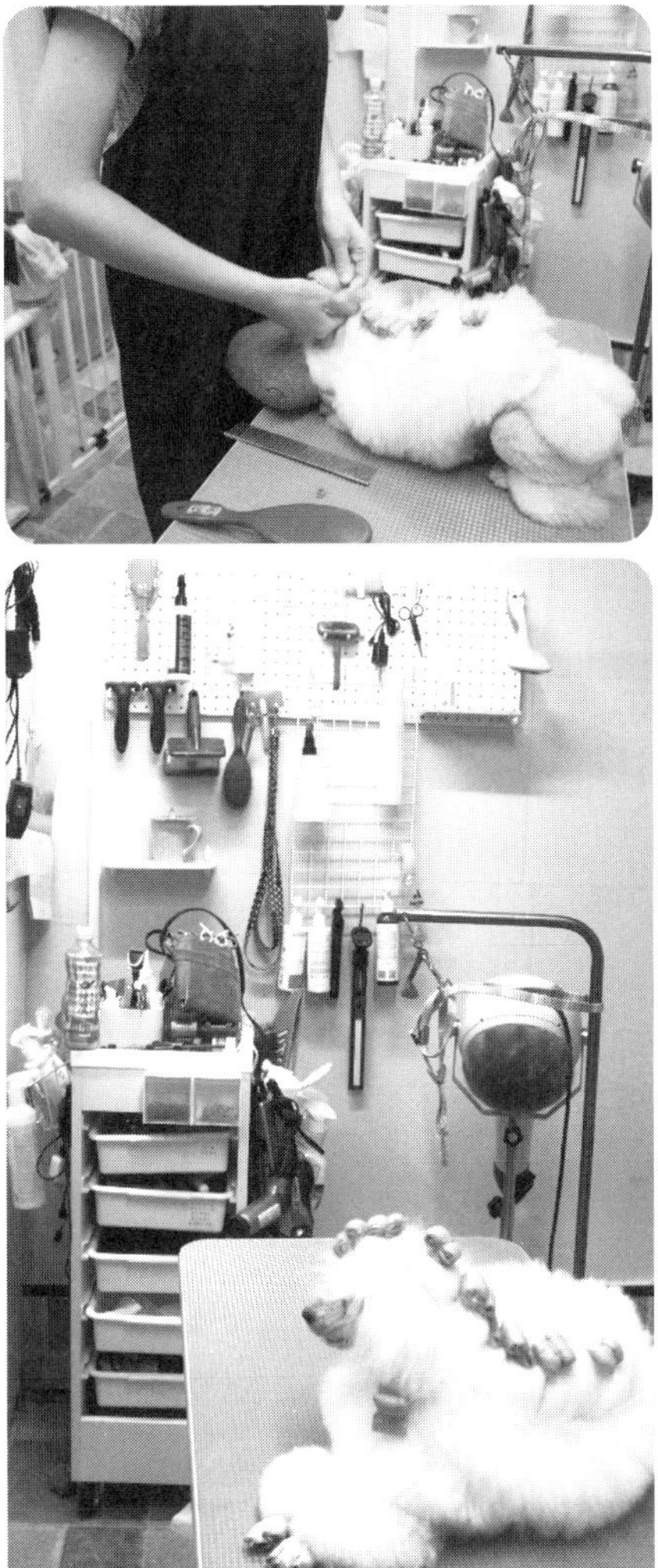

愛犬のハーレー君。コンチネンタルクリップのための準備

A級を取得しました。同時に、決められた時間でトリミングの技を競うたくさんのコンテストに出場し、やがて海外のコンテストにも出場するようになります。

はじめての海外のコンテストはアメリカでした。母校の非常勤講師に、英語で書かれたコンテストの公式サイトで出場方法を調べてもらい、一人で行きました。ヨーロッパは出場ツアーを組んでくれた人と、はじめはいっしょに行きましたが、のちに自分で手配するようになりました。

技術レベルを上げるために

国内のコンテストでは30回以上の受賞歴があり、海外では冒頭《ぼうとう》に書いたように、2016年に「グルーマニア」のプードルのオープンクラスで3位に輝き、その後はスペインやアメリカのコンテストに参戦し、いずれも入賞。そして、とうとう2019年の「グルーマニア」で、日本人初の総合優勝を勝ちとったというわけです。

いくつものトロフィーが並ぶ

サロンワークとコンテストへの出場をこなしながら、結婚《けっこん》・出産を機に独立。2020年12月、荒川区東日暮里《ひがしにっぽり》に自分のサロンをオープンします。店の入り口の横にあるショーケースには、いくつもの優勝トロフィーが飾《かざ》られており、壁《かべ》にはJKCのコンテストの入賞リボンが貼《は》られていました。

　トリミングコンテストでは、カットした形は左右対象か、細い部分の処理は正確かなど、高度なカット技術だけでなく、カットする犬

数々の競技会で入賞した証

種に合った道具を使っているか、カット中の犬の扱《あつか》い方や犬とコミュニケーションがとれているかなども、審査《しんさ》の対象になります。さらにコンテスト当日まで、モデル犬の毛の管理もおこたることはできません。

　畠山さんが大会に出場するのは、自分の技術レベルを知り、スキルアップにつなげるためと、技術をみがき続けるためのモチベーションを保つことが目的です。海外のコンテストでは日本のコンテストと違《ちが》い、観客が声援《せいえん》を送ってくれることもあり、開放的で独特の雰囲気《ふんいき》にテンションが上がるといいます。

　コンテストの規模によって、海外での滞在日数も変わってきます。自分の犬をカットモデルとして連れて行けるならいいのですが、連れて行けないと、現地でモデル犬を手配しなければなりません。それにはお金もかかり、

希望通りの犬と出会えるかは未知数です。

実は、2023年にベルギーで行われた「グルーマニア」は、そんな状況《じょうきょう》の中でコンテストに出場することになってしまったのです。

9月末に行われるコンテストに出場するために航空機の便を調べると、ウクライナ侵攻《しんこう》のせいか、ベルギーへの直行便がとても少なくなっていました。犬を連れて行くとなると、直行便を利用するしかなかったのですが、直行便を使うと、店を9日間も閉めなければなりません。

その間のお客さんの予約数や、2歳《さい》の息子を夫に預けていくことを考えると、現実的ではないと思いました。しかたなく現地のモデル犬を探すと、運よく貸してくれる人が見つかったため、道具を持ってベルギーに向かったのです。

出場を後悔《こうかい》しそうになる

犬を借りる時は、事前に写真を送ってもらうのですが、写真の状態と実際の状態が違《ちが》うことがたまにあり、それでトラブルになることもありました。今回がまさにそれだったのです。送ってもらった写真はきれいで、カットできる毛の長さがありました。

ところが、実際に犬を見たら、耳の毛は自分で咬《か》んでしまって短く、目の上の毛も短すぎて、スウェルという、ふくらみをつくることができません。課題として与《あた》えられていることがまったくできないような状態でした。この犬で出場しても100パーセント勝てないだろうと思いました。

総合優勝にかかわる部門は、各カテゴリーのオープンクラスとチャンピオンクラスの二つだけ。畠山さんがエントリーしているチャンピオンクラスは、世界のトップグルーマーが集まるクラスなので、コンテストに勝つために、最高の状態の犬を連れてきています。畠山さんは「これでは、出ても意味がない。お金をかけて、店を休んで、子どもを置いてきてまでして、勝てもしないような犬で出場することに、何の意味があるんだろう」と思いました。

けれど、負けずぎらいな畠山さんは、すぐに気を取り直し、コンテストの主催者《しゅさい》に「借りた犬は、十分にカットできる状態ではないので、チェンジしたい」と話しました。さすがにヨーロッパ最大の大会です。万が一のために1頭確保しているモデル犬がいて、貸してもらえることになったのです。犬の状態を見ると、最初に借りた犬よりは、毛の伸《の》び具合もはるかにいい状態でした。

海外のコンテストに行くと、畠山さんは「この国では、どのカットスタイルが勝ちやすいか」を観察しています。アメリカならこのカットスタイル、ヨーロッパならこれという傾向《けいこう》があるのだそうです。ヨーロッパでは「コンチネンタル・クリップ」というカットスタイルが勝ちやすいと感じていました。コンチネンタル・クリップは、伝統的で代表的なプードルのカットスタイルで、頭と胸、足首を残して刈《か》りあげ、しっぽを丸く整えるアメリカ発祥《はっしょう》のスタイルです。

思い切ったチャレンジ

借りたプードルは、足にも丸い刈《か》りこみもなく、足全体に被毛《ひもう》を残した「セカンドパピー・クリップ」というカットスタイルでした。

ヨーロッパのコンテストではモダン・クリップ、テリア・クリップ、セカンドパピー・クリップが多く、コンチネンタル・クリップは少数です。

畠山さんによると、セカンドパピー・クリップは、ヨーロッパのグルーマーが得意なスタイルだそうです。畠山さんもできなくはありませんが、審査員《しんさ》だけでなく、会場にいるだれもが「きれいだな」と思うような魅力的《みりょく》な形がつくれるかといったら、自信がありませんでした。見よう見まねでカットできても、表現として深みがない仕上がりになってしまうような気がしました。

「得意なコンチネンタル・クリップに変えてみようかな」

コンチネンタル・クリップは、ある程度、スタイルのよい犬でなければ似合いません。

それでも畠山さんは、競技時間内にパフォーマンスとして、思い切ってカットスタイルを変えてみようと思ったのです。ただ、それが、どんなに難しいことかもわかっていました。

「ほんとうに時間内にそれがちゃんとできるかなあ。まさに腕試《うでだめ》し。でも、やらなければ多分、表彰台《ひょうしょう》には上がれない」。頭の中にいろいろな思いがうず巻いて、前日の夜は眠れませんでした。直前まで悩《なや》みましたが、畠山さんはやはりチャレンジすることにしました。

海外のコンテストでは、カットのビフォア、アフターも重要視します。ほかのグルーマーの犬は、毛は伸《の》びた状態ではありますが、元のクリップの形は残っています。ガラリと大きくカットスタイルが変わった畠山さんの犬を見て、観客も称賛《しょうさん》の声をかけてくれました。そして、そのパフォーマンスと技術力が評価され、堂々の2位に入賞したのでした。

大切な命を預かる仕事だから

ショー・クリップに関しては、その犬種のスタンダード（それぞれの犬種に定められた見た目の標準的な基準のこと）を、十分理解していなければなりません。

「カットはミリ単位の世界です。1ミリ、2ミリのラインがずれるだけで、やぼったくなるし、スタイリッシュにもなります。

ミリ単位のカットをするためには、犬が落ち着いていられるように、自分のモデル犬は日頃《ひごろ》から練習しておくことが必要です。

コンテストとふだんのサロンワークの違《ちが》いは、犬に求める集中力です。お客様のワンちゃんは、ある程度おとなしくしてくれていれ

そして、畠山さんは2023 GROOMANIAではプードルチャンピオンクラスで表彰！

取材先提供

ばいいです。安全に作業ができる範囲《はんい》であれば、動いてもかまいません。生活環境《かんきょう》が違《ちが》いますので、それぞれに合った過ごしやすいスタイルを提案します」

そう、畠山さんは説明してくれました。

「トリマーはライセンスがなくてもできる仕事なのですが、上級のライセンスをもっているトリマーにやってもらっているということを、誇《ほこ》りに思うお客様がいらっしゃるのも事実です。私自身はあくまでも、自分の技術の向上と、お客様が喜んでくれることを第一に仕事をしています」

やりがいは、やはりお客さんからの「ありがとう」という言葉です。逆に難しいところは、短い時間でも大事な家族の命を預かるので、ちょっとした犬の変化に気付かないと、危険な状態を見のがしてしまうおそれがあることです。責任感が必要な仕事だという自覚はもっていなければなりません。

カットには流行があるといいます。今はSNSやトリミングの雑誌などから、いくらでも情報をキャッチすることができます。「常に新しい情報を知ることは大切です。お客様のご要望に応えられなくなります。また、これからはどんな業種でも英語力は必要だと思います。世界にビジネスチャンスを広げられるように、勉強しておきましょう。やりたいことが見つかったら、まず、みずから行動すること。他人任せで待っているだけでは、何も始まりません」とアドバイスしてくれました。

今、畠山さんはサロンワークとコンテストへの出場、加えて月に1、2回、母校の2年生の実習で、「ラム・クリップ」というカッ

常に技術をみがき続ける

トの指導をしています。そして２０２４年もまた、海外のコンテストに積極的にチャレンジするつもりです。毎年夏、アメリカのラスベガスで、「ＳｕｐｅｒＺｏｏ（スーパーズー）」という全米最大級のペット展示会が開《かい》催《さい》されます。そのなかのイベントのひとつである世界的なトリミングコンテストで、優勝することをめざして、日夜技術をみがいています。

2章

トリマーの世界

トリマーとは

ペットの健康を保ち本来の美しさを引き出す美容師

トリミングって何をすること?

「トリマーとは何をする仕事ですか」と聞かれた時に、「犬(ペット)の美容師です」といえば、たいていの人はわかってくれると思います。

「はじめに」に書いたように、欧米《おうべい》諸国などでは犬の手入れ全般《ぜんぱん》のことをグルーミングと呼び、それを行う人をグルーマーと呼んでいます。人が犬と暮らすようになってから長い歴史があり、室内で飼《か》われるようになれば、当然グルーミングが行われただろうと考えるのは自然なことです。

犬の全身の手入れとは主に、ブラシや櫛《くし》をかける、全身を洗う、足裏の毛をはじめ毛をカットして整える、爪《つめ》を切る、耳を掃除《そうじ》することなどをさします。これらは犬が清潔に健康的な生活を送るための基本的な手入れですが、そこに美が追求されるようになったのは、18世紀のフランスの宮廷文化が花開いた時代。上流階級の女性たちのあいだでプードルが人気を集め、18世紀後半には宮廷内でも扱《あつか》いやすい大きさのトイ・プードルがつくられたといわれています。

一般《いっぱん》社団法人ジャパンケネルクラブが発行している『最新ドッググルーミングマニュアル（公認トリマー教本）』には、最初に「グルーミング・パーラー」、いわゆる今のトリミングサロンが設立されたのは1820年ごろだと書いてありました。今でいうカリスマ的なトリマーも登場し、流行のカットスタイルをつくりあげていったのかもしれません。

この教本によると、グルーミングとは「犬に対する被毛《ひもう》の手入れのすべて」をさし、トリミングはというと、「犬の体の各部のバランスをとるために、毛を引きぬいたり、バリカンやハサミでカットして、被毛《ひもう》を整える技術」をいうと書いてありました。トリミングはグルーミングの中に含《ふく》まれる技法のひとつだというわけです。

欧米《おうべい》諸国などでは通用しない呼び方

日本《にほん》でいつトリマーという名称《めいしょう》が生まれたかは定かではありませんが、仕事として発展したのは戦後のことだといいます。戦後、さまざまな犬種が海外から輸入されるようになり、ドッグショーやコンテストが盛《さか》んに開催《かいさい》されるようになりました。ショーやコンテストに出場するための容姿づくりには、犬種に対する知識とその犬種がもつ美しさを活かす技術が必要でした。そこでトリミング技術が注目され、技術者が養成されるようになったのです。その後、いくどものペットブームとともに、トリマーという仕事が定着していきました。

トリマーという呼び方は、欧米《おうべい》諸国などでは通用しないといわれています。けれど、アジア地域では、日本人トリマーや日本のトリミング技術の高さが注目されていることから、現地でも日本独自の和製英語であるトリマーが使われているそうです。

この本の中には、グルーミングという言葉もグルーマーという言葉もでてきます。全身の手入れを学ぶ授業では「グルーミング論を学ぶ」ということになりますし、アメリカの話の中ではグルーマーに統一しています。読んでいく時に、欧米《おうべい》諸国などのようにトリマーをグルーマーと換《か》えて読んでみてもいいかもしれません。日本が誇《ほこ》る、技術力の高い職業、トリマーについて、いろいろな視点から読んでみてください。

ペットとの暮らしに不可欠な仕事

ブラッシングやシャンプー、爪切《つめき》りなどは、練習してコツをつかめば、飼《か》い主も何とかできそうですが、短時間で全身を乾《かわ》かしたり、動く犬を相手にハサミを使うとなると、飼《か》い主にはかなりハードルが高い作業です。定期的にカットをしないと毛が伸《の》び続ける犬種の場合には、きちんとブラシをかけておかないと、毛玉ができて皮膚《ひふ》炎の原因になったり、伸《の》びた毛が目に入って角膜《かくまく》を傷つけるなど、健康を害することになってしまいます。そうならないためには、やはりプロの技術が必要です。

その犬種のスタンダードに基づくと、マルチーズやヨークシャー・テリア、シーズーは、毛をドレスのように長く伸《の》ばした「フルコート」と呼ばれる状態が、本来の姿だとされています。しかし、ドッグショーに出場するわけではなく、家庭で愛玩《あいがん》犬として暮らしてい

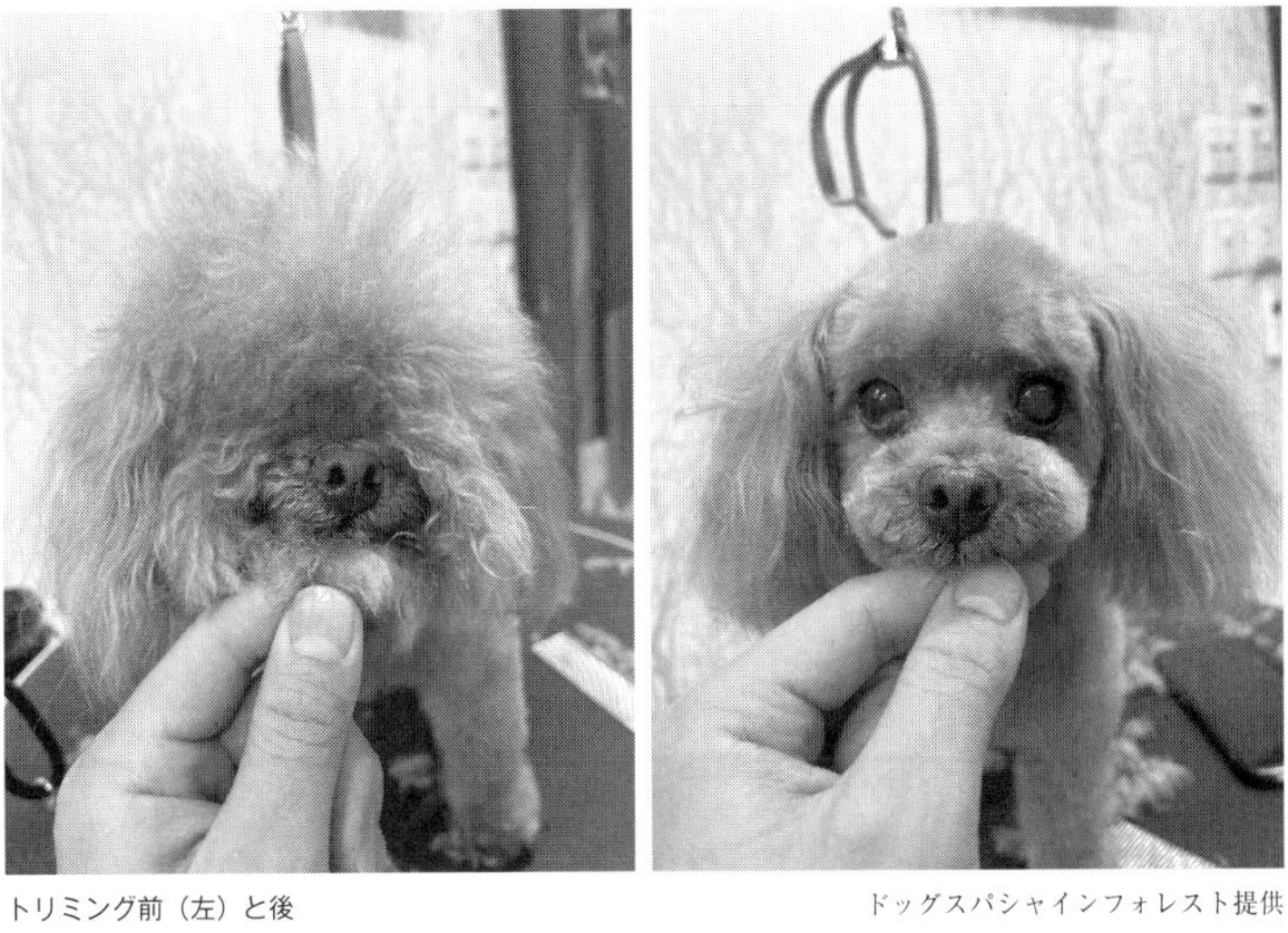

トリミング前（左）と後

ドッグスパシャインフォレスト提供

図表1 定期的にトリミングが必要な主な犬種

プードル
コッカー・スパニエル
スコティッシュ・テリア
ウエスト・ハイランド・ホワイト・テリア
ベドリントン・テリア
ワイアー・フォックス・テリア
ビション・フリーゼ
シーズー
シュナウザー　など

トリミングが必要な犬種のシーズー（上）やシュナウザー（中）、アメリカン・コッカー・スパニエル（下）

トリミングサロンではいろいろなグッズも販売

る場合は、散歩の時に汚れがつきにくく、毎日の手入れが楽なように、短くカットしていることがほとんどだと思います。チワワやポメラニアン、柴犬《しばいぬ》など、トリミングが必要でない犬種でも、人気のカットをトリマーに相談して、オーダーする飼《か》い主も少なくありません。

また、トリマーの仕事（66ページ）で説明しますが、シャンプーやカットのほかにいろいろなオプションやサイドメニューを組み合わせてオーダーできるサロンもあり、飼《か》い主が犬猫《いぬねこ》にしてあげられることの選択肢《せんたくし》が増えました。こうしたトリマーの仕事は現在のペット社会には必要不可欠なものになっています。

猫《ねこ》専門のトリマーも登場

猫《ねこ》は犬と違《ちが》い、セルフグルーミング（自分で毛づくろい）をする動物なので、基本的にシャンプーをする必要はないといわれてきました。けれど、海外から容姿も個性的な猫種《びょうしゅ》が輸入されるようになり、飼《か》い方への考え方も大きく変わりました。種類や暮らし方によって、シャンプーが必要な場合もあり、今は猫《ねこ》をトリミングするサロンも増え始めています。

猫《ねこ》は皮脂《ひし》が多いので、被毛《ひもう》の種類によっては自分で毛づくろいをしても、毛の根元の皮《ひ》脂《し》を取り切れないことがあります。そのまま放置しておくと、皮脂《ひし》でベトついて抜《ぬ》け毛が絡《から》まり、毛玉ができやすくなります。また、

猫のシャンプーやトリミングも需要が高まっている

長毛種だとセルフグルーミングが行き届かないところに、気付かないうちに汚《よご》れがたまってしまうこともあります。

抜《ぬ》け毛や毛玉は放っておくと、飲み込《こ》んだ毛玉を吐《は》く毛球症《しょう》の原因になります。衛生的にも健康的にも好ましい状態とはいえません。定期的にグルーミングをして毛を清潔に保つことで、皮膚《ひふ》病を防ぐことができ、血流が促進《そくしん》されて、健康を保つことができます。

猫《ねこ》の扱《あつか》いに慣れた専門トリマーはまだ多くありませんが、猫《ねこ》のトリミングのニーズはさらに増えていくものと予想されます。

トリマーの仕事内容や働き方はペットブームを背景に、ここ10年で進化しました。これからも動物医療《いりょう》や介護《かいご》、高齢《こうれい》の飼《か》い主と高齢《こうれい》ペットへの対応など、より幅広《はばひろ》い知識や豊かな経験が求められることでしょう。

Column

養成校も資格もない!? アメリカのグルーマー事情

アメリカで毎年10人しか選ばれない「グルームチームUSA」のメンバーで、2023年のグルーマー全米トップランキング3位のメイシー・ピサさん（写真）にお話を伺《うかが》うことができました。

アメリカでは、グルーマーになるための養成校に行かなければならないという決まりはないそうです。そもそも学校自体が少なく、全米で活躍《かつやく》しているメイシーさんでさえ、3校しか知りません。グルーマーになりたい時は、技術を教えてくれるサロンのオーナーを探し、そこで働きながら学ぶのです。

または、トリミング用品などを扱《あつか》っている大手企《き》業《ぎょう》が、新入社員向けに実施《じっし》しているトリミングの教育プログラムを受けるという方法もあります。修了《しゅうりょう》後は、その企業《きぎょう》の店に2年間は勤めなくてはなりませんが、多くのトップグルーマーが、そこからスタートしているといいます。

学ぶ期間についても決まりはありません。資格には全米ドッググルーマー協会（NDGAA）の認定資格がありますが、その資格がなくても、自分が「グルーマーです」と言った日から、グルーマーになれるのです。メイシーさんは、ニューヨークのサロンで4年間トレーニングを受けた後、別のサロンに移動して、さらに1年。その後、独立しました。

4年間の最初の2年間は「ベイザー」と呼ばれるシャンプー専門の係になり、一日20頭の犬をシャンプーしていました。爪切《つめき》りやドライングなど基本的な作業を身につけ、3年目からカットのトレーニングにはげみました。4年でそのサロンを退職したのは、そこではもう学ぶものはないと思ったからでした。アメリカでは、このようにキャリアアップしていくのだそうです。

サロンを退職したころから、コンテストに出たいと思うようになり、自分で勉強して技術をみがき、全米で行われるコンテストに出場し続けました。会

場で審査《しんさ》員からもらったアドバイスをもち帰って練習する、という日々を続けていくうちに実力をつけ、快進撃《かいしんげき》が始まったのです。

今ではペット関連のトップブランド企業《きぎょう》がスポンサーになり、主に週末に行われるコンテストへの交通費やエントリー費用などを出してくれます。

サロンワークは週に3日しかできませんが、顧客《こきゃく》には2週間に1回来る人が多く、予約が絶える日がありません。それだけに常に満足感を与《あた》えられる施《せ》術《じゅつ》を心がけ、ニーズに応えています。

収入は、日本とかなり違《ちが》います。雇《やと》われていた時、メイシーさんの年収は１５００万円だったそうです。シャンプーは専門のベイザーがしていたので、一日13～20頭の犬をグルーミングしていました。ベイザーの年収は５２５万円くらいとのこと。

アメリカはコミッション制（歩合制）なので、やればやるほど、自分が努力すればするほど、給料がたくさんもらえるというシステムです。顧客《こきゃく》がつけばつくほど、給料は増えるし、実力もつくというわけです。独立してサロンをもったほうが、年収が高いのは、アメリカも日本も変わらないようです。

トリマーの仕事

センスと技術、そして対人コミュニケーションも大事

トリマーを取り巻く環境《かんきょう》

トリマーの資格は国家資格ではありません。トリマーとして働いている人の数の統計を取ることが難しいため、直近のものはわかりませんが、厚生労働省《こうせいろうどう》の職業情報提供サイト（日本版O-NET）「job tag」によると、2020年の国勢調査の結果から割り出したトリマーの数は全国で45万6590人でした。はたして、この数は多いのでしょうか。

専門学校やペットサロンで聞くと、トリマーの人手不足が続いているといいます。ペット数に対してトリマーの数が足りていないというのです。人手不足の背景には、トリマーの仕事が休日も不規則で、体力的にきついことがあると話していました。ペットホテルを兼《か》ねているサロンでは、ゴールデンウィークや夏休みなどが忙《いそが》しい時期です。トリマーも

料金受取人払郵便

本郷局承認

6276

差出有効期間
2025年9月30日
まで

郵便はがき

113-8790

(受取人)
東京都文京区本郷1・28・36

株式会社 ぺりかん社

一般書編集部行

購入申込書

※当社刊行物のご注文にご利用ください。

書名		定価[円+税] 部数[部]
書名		定価[円+税] 部数[部]
書名		定価[円+税] 部数[部]

●購入方法をお選び下さい (□にチェック)	□直接購入(代金引き換えとなります。送料+代引手数料で900円+税が別途かかります) □書店経由(本状を書店にお渡し下さるか、下欄に書店ご指定の上、ご投函下さい)	番線印(書店使用欄)
書店名		
書店所在地		

書店様へ:本状でお申込みがございましたら、番線印を押印の上ご投函下さい。

※ご購読ありがとうございました。今後の企画・編集の参考にさせていただきますので、ご意見・ご感想をお聞かせください。

アンケートはwebページでも受け付けています。

URL http://www.perikansha.co.jp/qa.html

書名	No.

●この本を何でお知りになりましたか?

□書店で見て　□図書館で見て　□先生に勧められて
□DMで　□インターネットで
□その他 [　　　　　　]

●この本へのご感想をお聞かせください

・内容のわかりやすさは?　□難しい　□ちょうどよい　□やさしい
・文章・漢字の量は?　□多い　□普通　□少ない
・文字の大きさは?　□大きい　□ちょうどよい　□小さい
・カバーデザインやページレイアウトは?　□好き　□普通　□嫌い
・この本でよかった項目 [　　　　　　]
・この本で悪かった項目 [　　　　　　]

●興味のある分野を教えてください（あてはまる項目に○。複数回答可）。
また、シリーズに入れてほしい職業は?

医療　福祉　教育　子ども　動植物　機械・電気・化学　乗り物　宇宙　建築　環境
食　旅行　Web・ゲーム・アニメ　美容　スポーツ　ファッション・アート　マスコミ
音楽　ビジネス・経営　語学　公務員　政治・法律　その他
シリーズに入れてほしい職業 [　　　　　　]

●進路を考えるときに知りたいことはどんなことですか?

[　　　　　　]

●今後、どのようなテーマ・内容の本が読みたいですか?

[　　　　　　]

お名前	ふりがな [　　歳] [男・女]	ご職業・学校名	
ご住所	〒[　　－　　]　TEL.[　　－　　－　　]		
お買上書店名	市・区 町・村　　書店		

ご協力ありがとうございました。詳しくお書きいただいた方には抽選で粗品を進呈いたします。

そのあいだはなかなか休みが取れないことが多いのだそうです。仕事はグルーミングにとどまらず、接客販売《はんばい》から散歩に連れて行くシッター業務、手入れや食事のアドバイスなどもこなします。

トリマーは圧倒《あっとう》的に女性が多い仕事です。結婚《けっこん》や出産で一時、仕事を離《はな》れても、技術があるので、復職はしやすいといいます。不規則な勤務状況《じょうきょう》を改善して、休日を取りやすくするとか、時短勤務もできるようにすれば、仕事に復帰するトリマーが増えるのではないでしょうか。実際、フリートリマーが増えたのは、自分の都合で予約を受けることができ、融通《ゆうずう》が利くからだと聞きました。働き方を選べるようになり、長く続けようと思えば、続けられるやり甲斐《がい》のある仕事です。

仕事場はさまざま

トリマーが活躍《かつやく》する場所はさまざま。まず、犬や猫《ねこ》などの生体やペット用品を販売《はんばい》しているペットショップに併設《へいせつ》されたペットサロンがあります。このタイプのサロンには大型チェーン店が多いので、いっしょに働くトリマーが何人もいるかもしれません。

また、個人経営のペットサロンでがんばっているトリマーもいます。アットホームな雰囲気《ふんいき》の店舗《てんぽ》が多く、オーナーと気が合って長く勤めている人もいます。

動物病院にトリミングルームが併設《へいせつ》されていることも少なくありません。誰《だれ》でも利用できるサロンもありますが、その病院をかかりつけにしているペットを対象にしていることが多く、通院している飼《か》い主にとっては、安心してペットを託《たく》せるというメリットがあります。そのほかペットホテル、トレーニング施設《しせつ》や訓練所、ブリーディング施設《しせつ》（犬や猫《ねこ》を繁殖《はんしょく》している施設《しせつ》）、動物保護団体の施設《しせつ》など多くの職場で活躍《かつやく》をしています。

こうした固定の場所に勤務するほか、1章で紹介《しょうかい》したように増え始めたセルフシャンプーの店舗《てんぽ》を仕事場にしているトリマー、2章ミニドキュメント2（84ページ）で紹介《しょうかい》するように、訪問トリマーとして飼《か》い主の自宅を仕事場とするトリマーもいます。

トリマーの実際の業務

ペットサロンでの業務は、人間の美容室などと同じように、予約を受けて、来店した飼《か》い主から希望を聞いた後に作業を開始します。1頭をトリミングする流れを見てみましょう。

朝、受付前に店内のトリミングルームの点検。前日、作業後にきちんと清掃《せいそう》をしていても、もれなくチェックします。予約表の確認と一日の流れをイメージ。ほかにもスタッフがいる場合は、トリミングをする犬のカルテと作業の流れをいっしょに確認します。

送迎《そうげい》を頼《たの》まれている場合はお迎《むか》えに。トリミングが終わったころに飼《か》い主が迎《むか》えに来る場合もあるし、送り届ける場合はほかの犬の作業が終わるまで、ケージで預かります。

迎《むか》えに行ったさいには、その場でペットの健康チェックをし、飼《か》い主に気になるところや何をしてほしいか、どういうカットにしたいか聞いておきます。

トリミングルームで作業を開始。トリミング台の上で目や耳、皮膚《ひふ》をチェック。念入りにブラッシングをして、もつれ毛や毛玉を取り除きます。被毛《ひもう》の種類や状態によって、トリマーは何種類かのブラシを使い分けています。

ドッグバスに移動してシャンプーの準備。ジャージャーとお湯をかけるのではなく、シ

送迎用の車と駐車場を完備するショップも　ペットケアショップ ブルーム提供

ヤワーヘッドをやさしく押《お》し当てるように、お湯を毛にふくませます。肛門腺《こうもんせん》（肛門《こうもん》の左右にある分泌物《ぶんぴつぶつ》がたまるところ）を絞《しぼ》ってからシャンプー&リンスを行います。リンスを洗い落としたら、軽く押《お》さえながらタオルで水分をふき取り、トリミング台へ。ドライヤーの風の温度や風力を確認しながら、ブラッシングをして乾《かわ》かします。

そして、いよいよカットです。カットにはシザー（ハサミ）、スイニング・シザー（すきバサミ）、クリッパー（バリカン）、プラッキングナイフ（毛を抜《ぬ》く道具）などの道具を使いますが、これらの道具も犬の種類によって使い分けます。トリミングの難しい犬種のカットにはトリマーのセンスと技術が問われます。

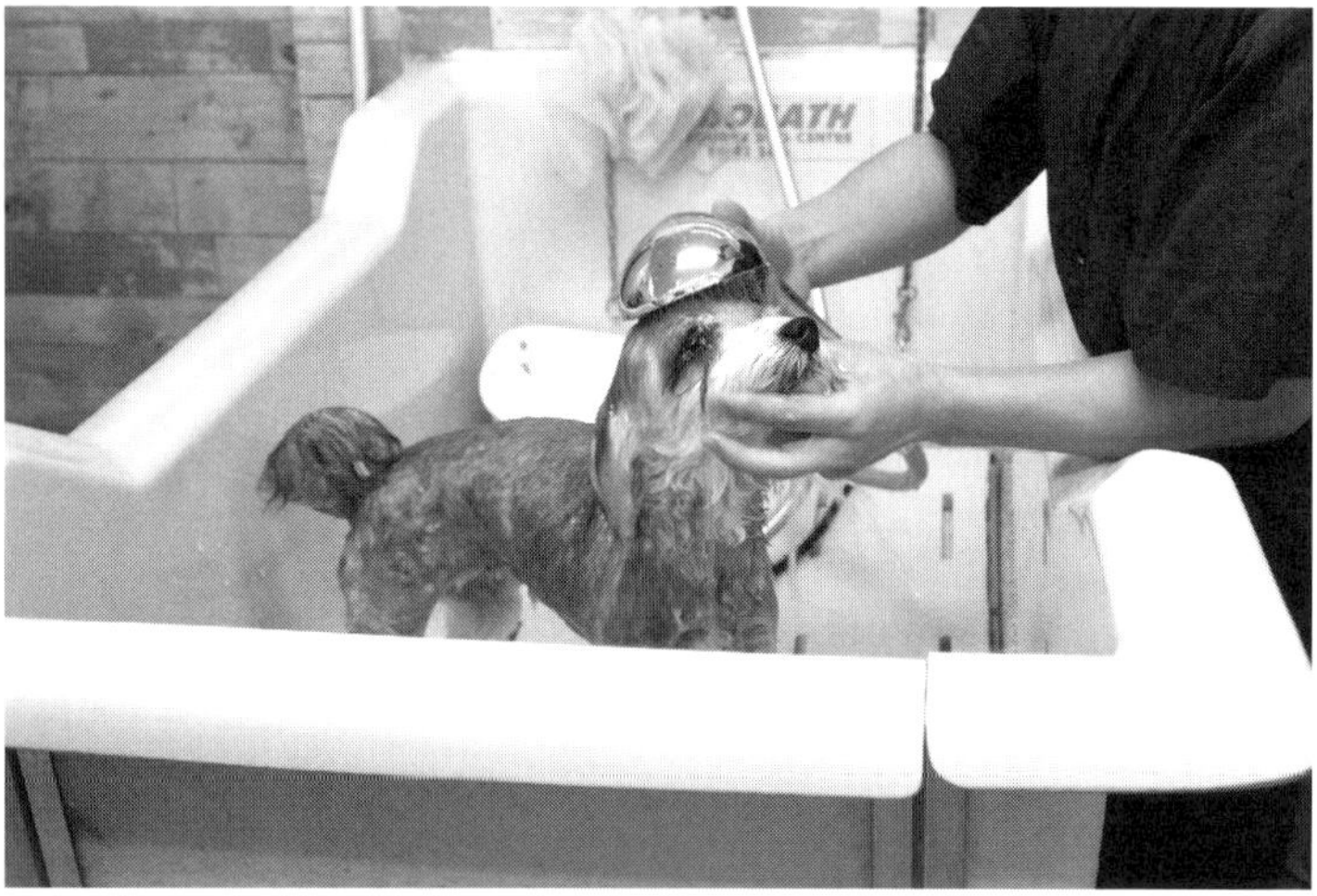

シャワーはソフトに

終了後《しゅうりょうご》の掃除《そうじ》は大事

カットは飼《か》い主のオーダー通りに素早く仕上げていきます。飼《か》い主によっては「暑くなってきたので、少し短めに」などと、漠然《ばくぜん》としたオーダーの仕方をする人もいるので、トリマーとしては、すり合わせに気を使います。全身のカットのほか、足裏バリカンや爪切《つめき》りをすませて終了《しゅうりょう》。シャンプーだけという犬もいますが、顧客《こきゃく》の多いサロンでは一日に一人で3～4匹《ひき》担当するといいます。

サロンによって、ひげカットや毛玉取り、もつれ毛カット、デンタルケア、肉球ケアをオプションやサイドメニューに入れているところもあり、オーダーがあれば追加で行います。犬用の歯ブラシやガーゼなどで、歯や歯《は》

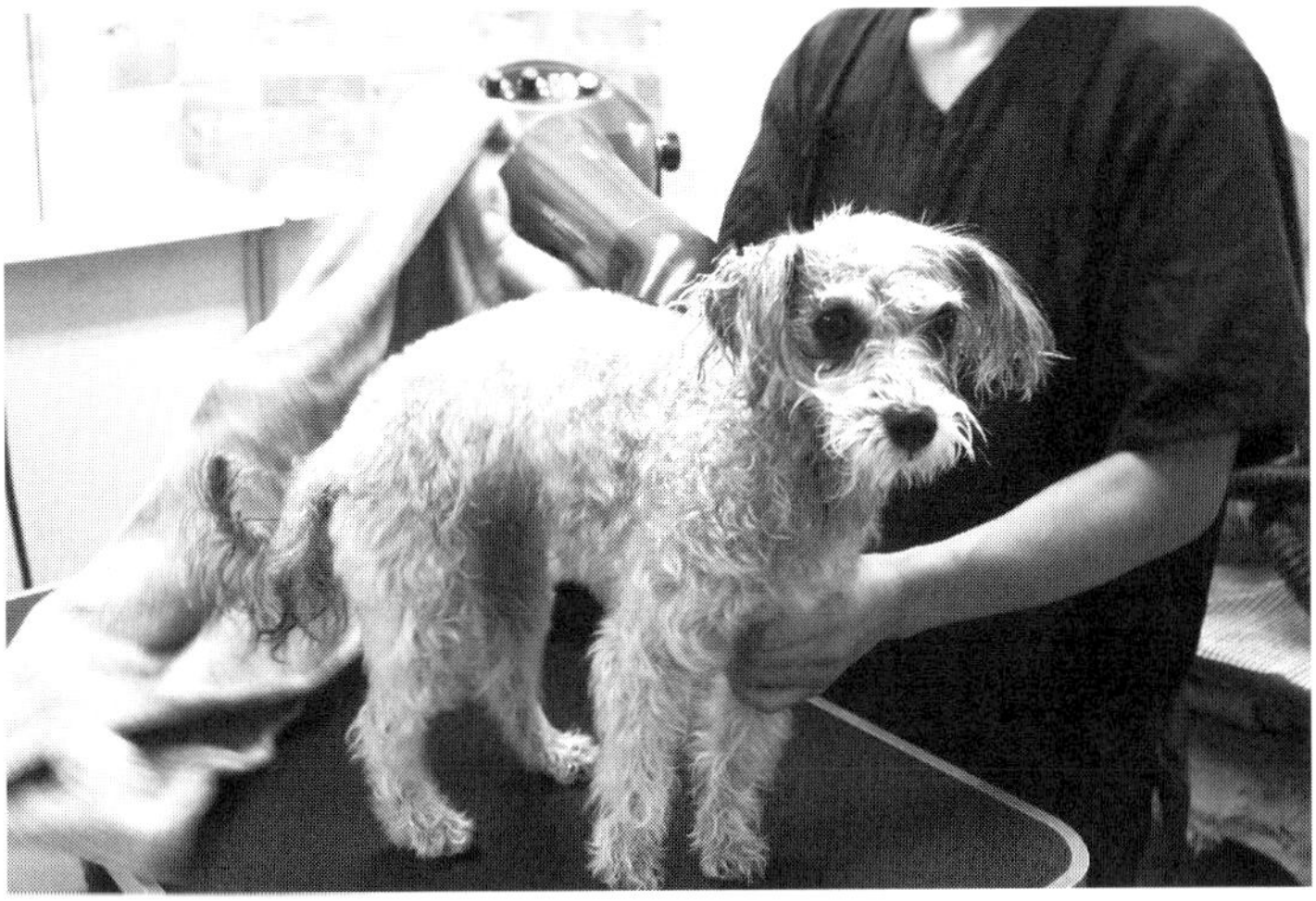

タオルでドライングしたら専用のドライヤーで乾かす

茎《ぐき》をみがくデンタルケアは重要です。犬の歯周病も問題になっているので、デンタルケアやその指導はトリマーの仕事のひとつとして、喜ばれるものです。

最近は、犬の肌《はだ》の状態に合わせて、泥《どろ》パックやハーブパックをしたり、直径数十ミクロンほどのとても細かい気泡《きほう》がでる、マイクロバブルバスを導入しているサロンもあります。小さな泡《あわ》が毛穴の奥《おく》の汚れや老廃物《ろうはいぶつ》まで落とし、皮膚《ひふ》病の改善にもつながるといいます。

作業が終わったら、まずは掃除《そうじ》。いろいろな犬種の性質が異なる毛、たとえばまとわりつきやすい毛とか、直毛で刺さりやすい毛などが飛び散り、あちこちにくっついています。人の毛もそうですが、床《ゆか》に落ちている犬の毛も意外と滑《すべ》るものです。衛生的な環境《かんきょう》を保つだけでなく、トリマーの事故を防ぐことにもなるので、とにかく掃除《そうじ》は欠かせません。

対人コミュニケーションも大切に

トリミング中にできものを見つけたとか気になったことは、どんなに小さなことでも書き止めておき、飼《か》い主に報告します。飼《か》い主との信頼《しんらい》関係を築くことは、トリマーにとってとても重要なことです。

「人と向き合うより、動物が好きだから、動物関係の仕事をしたい」「犬や猫《ねこ》が好きだから、トリマーや動物の看護師になりたい」という声をよく聞きます。もちろん犬や猫《ねこ》が好きでなければ務まりません。犬や猫《ねこ》とのコミュニケーションはもちろん大事です。言葉を話せない動物に対して思いやりの心をもって、ていねいに接するのはあたりまえのこと。

ですが、それと同じくらい重要なのが、対人コミュニケーションです。直接言葉を交わして対応する相手は飼《か》い主であり、サロンでいっしょに働く仲間たちだからです。

ペットに感じたちょっとした気がかりについて情報共有をしたり、トリマー同士でカットの仕方やシャンプー剤《ざい》について話し合ったりと、日頃《ひごろ》からうまくコミュニケーションをとり、協力し合っていれば、サロン内の風通しもよくなり、仕事がもっと楽しくなるに違《ちが》いありません。

一般社団法人日本国際動物救命救急協会救急救助員の認定証が並ぶドッグスパシャインフォレスト店内。飼い主とペットのために努力をおこたらない姿勢が伝わってくる

Column

猫のトリミングの極意

東京《とうきょう》・港《みなと》区南青山《みなみあおやま》にあるトリミングサロン、オーガニックサロンミミィフォーペッツでは２０２３年10月から月に1回、「猫《ねこ》の日」を設けました。代表の宇賀田薫《うがたかおり》さんはＳＪＤドッググルーミングスクールを卒業後、大型店に勤務しながら、ＪＫＣトリマーライセンスA級を取得しました。独立してサロンをかまえたのは２０１７年のことです。

実家ではチワワ、ヨークシャー・テリア、ペキニーズなどの何頭もの小型犬のほか、短毛種ばかりでしたが、猫《ねこ》も何頭も飼《か》ってきました。宇賀田さんは子どものころから、のら猫《ねこ》をつかまえては、自分で洗ってあげたりしていたそうです。

そのため、猫《ねこ》の動き方がとてもよくわかります。どういうことがきらいか、どういうアプローチの仕方だと逃《に》げないか、どんなさわり方だといやがらないかなど、自然にできるようになっていきました。

ＳＪＤドッググルーミングスクールでは当時、猫《ねこ》の種類や生態を学ぶ「猫《ねこ》学」という授業はありましたが、「具体的にシャンプーを学んだことはなかったと思う」と宇賀田さんは言います。

そもそも猫《ねこ》は、自分で毛づくろいをする、つまり「セルフグルーミング」をする動物のため、人がグルーミングする必要はないとされてきました。しかし、長毛種の飼育《しいく》が増え、なめて汚《よご》れを落とせない場所や皮膚《ひふ》病の場合などには、やはり人の手によるグルーミングが必要なことがわかりました。

そんなニーズもあって、猫《ねこ》のトリミングを受けたところ、「扱《あつか》いがうまく、きれいになる」と口コミで広がり、お客さんが増えていきました。毛は脂《あぶら》っぽいため、シャンプーにも洗い方にも工夫が必要で、その洗い方しだいで乾《かわ》くスピードも全然違《ちが》います。

グルーミングする時はまず「かわいいと思う気持ちをおさえることが大事です、難しいけれど」と宇賀田さん。かわいいからといって、不用意に声をあげると、それにおびえ、その後はもうさわらせてくれなくなるのだそうです。扱《あつか》いなれていないと、ひっかかれたりして、こわいし痛い思いもします。

だから、あくまでも冷静に、できるだけ無になって、ゆっくりさわること。最初の接し方には、ほんとうに気をつけたほうがいいそうです。

トリミングを依頼《いらい》される多くが長毛種です。猫《ねこ》の場合は完璧《かんぺき》を求めず、無理はしないことを鉄則にしています。「ここまでしかできない」と思った時には、いさぎよくそこでやめます。キャリアバッグに入れるのも、いやがるようなら強引に入れず、ある時は飼《か》い主の手を借ります。

猫《ねこ》は飼育《しいく》頭数が犬を上回り、グルーミングの需要《じゅよう》も高くなっているといわれています。「寿命《じゅみょう》も延びているので、短毛の猫《ねこ》でも一生のうちに一回はお手入れに出す機会があるのではないかと思います」と宇賀田さんは言いますが、猫《ねこ》の扱《あつか》い方に長《た》けたトリマーの育成も望まれると話していました。

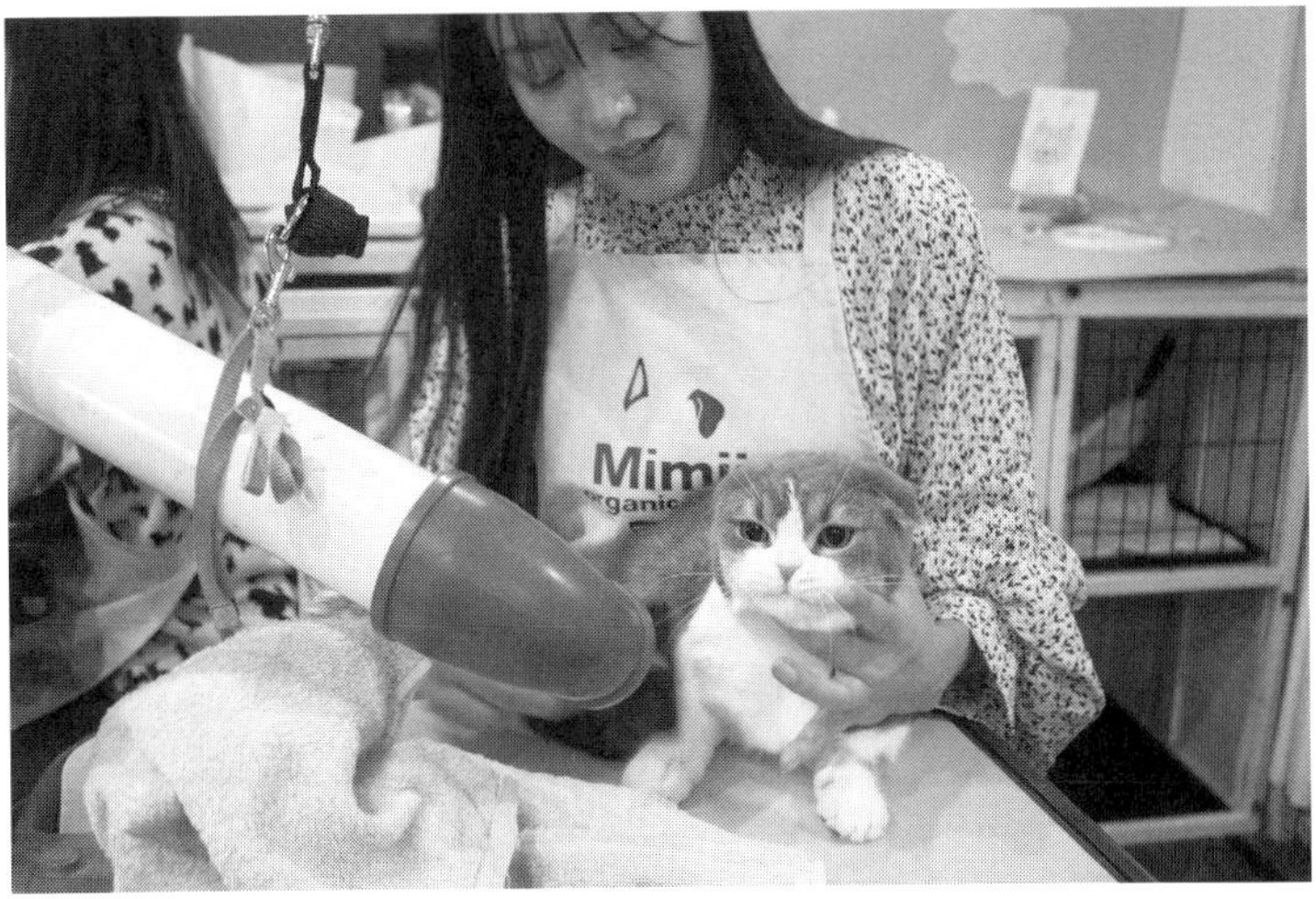

ミニドキュメント 1 グルーミングの教員に聞いてみた！

グルーミングの魅力を広く伝えるために

ヤマザキ動物《どうぶつ》看護《かんご》専門職《せんもんしょく》短期大学《たんきだいがく》
宮田《みやた》淳嗣《あつし》さん

日本初の動物看護短期大学

「グルーミングを学問として、科学的に確立させたい」、そんな思いで教員の道に進んだ人がいます。ヤマザキ動物看護専門職短期大学の動物トータルケア学科で、コンパニオンアニマルケア論やコンパニオンアニマルケア実習を教える宮田淳嗣さんです。

ヤマザキ動物看護専門職短期大学は、動物関連の産業界の将来を担う人材を育てるために、２０１９年４月に新たに開設された３年制の専門職短期大学で、なりたい職業の理論と実践《じっせん》を学べる新しいタイプの教育機関です。

「基本的に私たちの学校は、動物看護や動物関連の職業人を育成する専門機関なので、入学の時点でグルーマーになりたいと思っている生徒は、ほぼいません。学んでいるうちに僕《ぼく》と同じように、グルーミングもおもしろいなあと思う子が、何人か出てくるという感じです」と宮田さん。

そうなのです。宮田さんは動物看護師をめざす短大に入学したのですが、学ぶうちにグルーミングがおもしろくなり、進路を変えた学生の一人なのです。

幼いころから祖父の家にいつも犬がいて、宮田さんの家族もみな犬が好きでした。自分の家で犬を飼《か》えるようになったのは、マンションから一軒家《いっけんや》に引っ越《こ》した小学校6年生の時のこと。母の好みで、シーズーが家族の一員に加わりました。

高校生の時、宮田さんには特に決まった進路もなかったのですが、いろいろ模索《もさく》する中で、動物にかかわる仕事をしてみたいと思った時期がありました。そのタイミングで「2004年4月に、ヤマザキ動物看護短期大学が開学する」という新聞の告知が目にとまりました。「日本初の動物看護の短期大学」ということに興味をもち、見学に行ってみました。

宮田さんは動物系の仕事で、獣医師《じゅういし》以外に看護職があることをはじめて知り、グルーミングやトレーニングも学ぶことができ、また、就職先も動物病院にとどまらず、職種が幅広《はばひろ》いことを学校見学で知りました。そのうちに、だんだん進路が定まっていったのです。

教える側になった理由

宮田さんはヤマザキ動物看護短期大学の第1期生として入学します。動物看護学科でしたが、グルーマーとしての技術も学ぶことができるカリキュラムでした。入学式を終えてクラスに入ってみると、男子学生は宮田さんを含《ふく》めて4、5人しかいません。これにはちょっとたじろぎました。

けれど、授業そのものは興味深いものばかり。特にグルーミングはおもしろく、2年生に進級するころには、将来はグルーミングにたずさわりたいと、強く思うようになっていました。

「実習のモデル犬には咬《か》んでくるような子はいませんでしたが、作業をいやがる子はいました。自分たちが全然扱《あつか》えない犬でも、先生がさわるとすごくいい子になるんです。先生だと、なぜ犬がおとなしくなるのか、とても不思議でした」

そして、犬種によって毛質が異なり、決まったカットスタイルもあることや、毛質によって、シャンプーをした後の乾《かわ》き方が違《ちが》うことも、不思議でした。宮田さんはそんなたくさんの「不思議」に魅《み》せられていったのです。

宮田さんは扱《あつか》いが難しくて、うまくできないことさえ楽しかったといいます。それは、できるようになりたいと思わせてくれるものでもあり、やる気が出るからでした。

グルーミングが好きになった段階では、いずれグルーマーとしてお店を開くという将来をイメージしていました。しかし、続けていくうちに、もっとうまくなって、グルーミングは楽しいということを、広く人に伝えたいという思いが芽ばえてきたのです。

在籍《ざいせき》していたのは動物看護短期大学なので、まわりを見ても、動物看護師になるという人が圧倒《あっとう》的に多かったのですが、心の中でいつも「グルーミングがこんなにも楽しいものだということを、みんな、もっと知ってくださいよ！」と思っていたのだそうです。そして、サロンで犬を相手にすることも大事なことですが、グルーミングを楽しいと思ってくれる人を増やすには、教える側、伝える側になればいいのではないか、と思い始めたのでした。

「なぜ？」の根拠《こんきょ》をあきらかにしたい

宮田さんは3年間の短期大学を卒業した後、新たにできた1年制の専攻《せんこう》科に進学しました。専攻《せんこう》科は大学のゼミナールや研究室のような学習形式で、自分が学びたいテーマに沿った研究室を選び、探究することができるからです。もちろんグルーミングの研究室で、日々探究にはげみました。そして、専攻《せんこう》科卒業後はグルーミング実習のスタッフということで、学校法人ヤマザキ学園に就職。当初は教員のサポートでしたが、やがて教え、導く立場に

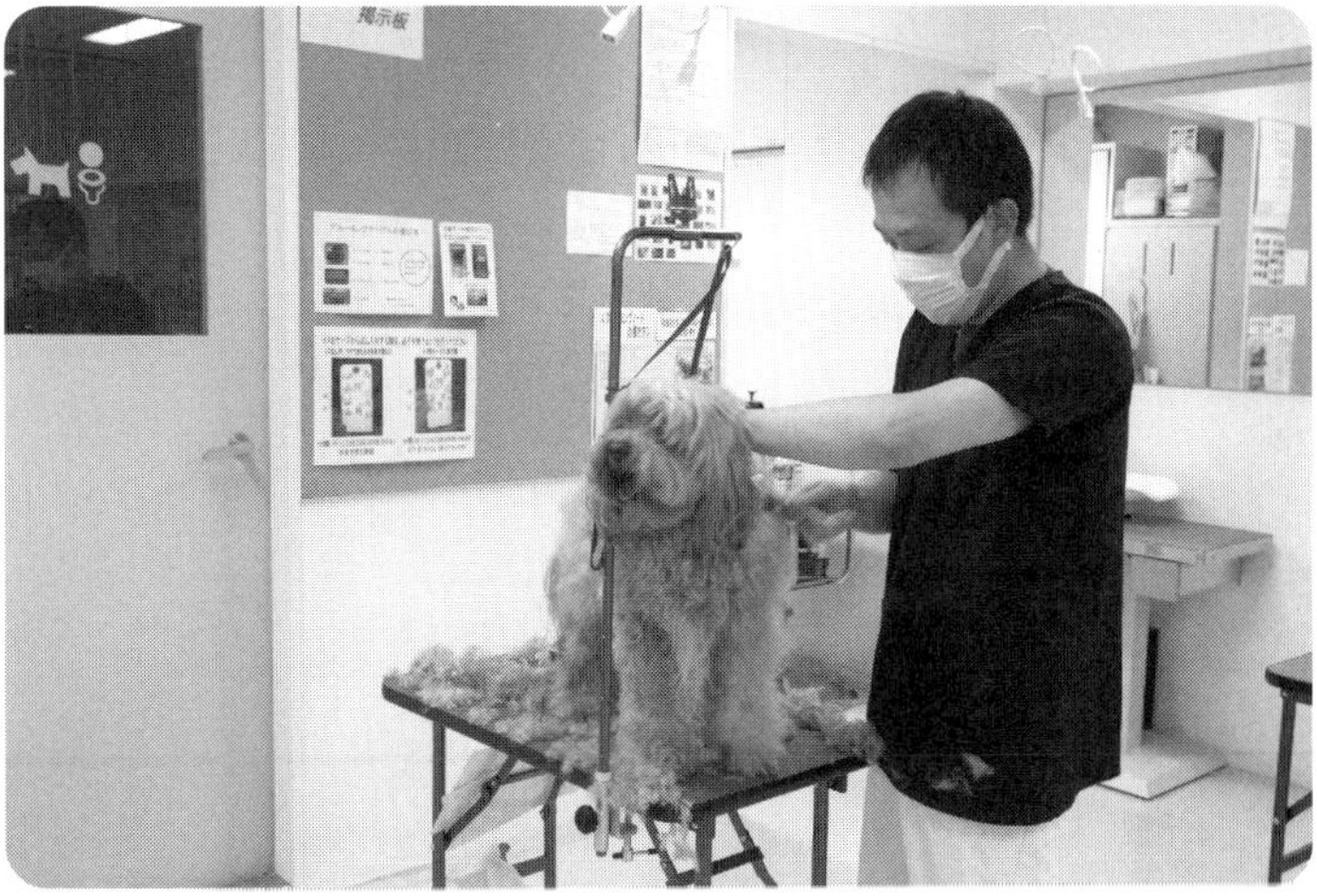

学校でのグルーミング実習でカット中の宮田さん　取材先提供（以下同）

なったのです。

「動物看護は『動物看護学』というジャンルがしっかりあるけれど、グルーミングはまだ『グルーミング学』として確立されていません。ベテランのトリマーやグルーマーは、高い技術をもっていて、たとえば『こういう毛質の犬には、こういう洗い方をしたほうがいい』という方法論はもっています。

そうすると確かにいいのですが、なぜかということを、わかりやすく説明できないことも多い。根拠《こんきょ》がないと言われることがあるけれど、根拠《こんきょ》がないからといって、間違《まちが》っているわけではなく、その洗い方のほうが断然いい結果が出たりする。

僕《ぼく》はその『なぜか』ということをいろいろ研究して、証明できたらいいなと思っているのです。みんながわかる形で、根拠《こんきょ》をあきらかにして体系立てたいと。そうすれば、グルーミングも学問として見られるのではないかと思うのです」

と宮田さんは話してくれました。そんな気持ちで、グルーミングの効果的な方法を、科学的にあきらかにする研究を続けています。

グルーミングの魅力《みりょく》とは

宮田さんはグルーミングの魅力《みりょく》を「日常の中に喜びを見出せること」と言いました。「日常生活の中で犬をきれいにしてあげると、飼《か》い主さんに喜んでもらえる。飼《か》い主さんに喜んでもらえるということは、犬がまた飼《か》い主さんに可愛がってもらえるということ。それが僕《ぼく》たちにとっての喜びです」と。

宮田さん自身は飼《か》い主との接触《せっしょく》はなく、モデル犬を使って、授業を受ける学生を引っ張っていく立場ですが、授業は楽しいといいます。それは、日常的な喜びを与《あた》える人を育成する楽しみなのだそうです。

徹底《てってい》して学生たちに説明をしているのは、犬に負担を与《あた》えず、うまく扱《あつか》うには、アプローチの仕方が第一だということ。学生は作業の仕方を学んでいると、とかく「作業をしようとしてしまう」そうです。たとえば、爪《つめ》を切る場合は、爪《つめ》を切る作業に集中してしまって、犬をていねいに扱《あつか》うことに意識がいかなくなってしまうことが多いのです。

「爪《つめ》をきれいに切らなくては！」と思うので、いきなり犬をかかえて、ぎゅっと足を持って、どうやって切ろう？　ということになってしまう。急に足を持たれた犬は驚《おどろ》いてしまいます。

慣れてくると、爪《つめ》を切ることなんて無意識

学生たちのシャンプー実習を指導

にできる簡単なことなのですが、はじめは〝犬への接し方〟と〝爪《つめ》を切る〟という作業の二つ意識しなければいけないので、難しいみたいです。いつも『犬の立場になって、作業をする前のアプローチを考えてね』と伝えています。足を持つにも、ちょっとした力加減でだいぶ違《ちが》いますから」と宮田さん。

道具にではなく、犬に意識を向けていれば、いずれは犬たちがより快適にいられるように、あたりまえの作業をあたりまえにできるようになります。

トリマーに求められること

トリマーにとって大切なことをつぎのように話してくれました。

「前提にあるのが、犬を大切に思う心。犬を思いやる心ですね。トリマーに限りませんが、動物にかかわる仕事なら、これがないといけません。それから、正しい技術です。いくら心があっても、技術レベルが低いのではどうにもなりません。そして、状況《じょうきょう》に合わせた対応力。状況《じょうきょう》を判断する力がないと、逆のことをしてしまったりするからです。〝犬を思いやる心・正しい技術・状況《じょうきょう》に合わせた対応力〟、この三つが大事だと教えています」

そして、これからのトリマーに求められるもの、どんなトリマーになってほしいかを聞いてみました。すると「犬をきれいにするということは、もちろん大事なことですが、健康面を管理できる、チェックできること、日常生活を送るうえでの健やかさを提供できることも、今は重要になってきています」と言いました。

グルーミング中に、体の異変やしこり、で

きものに気付いてあげることができます。それを伝えて、犬を病院に連れて行ってもらい、何でもなければそれでいいし、実際に何らかの病変を早期発見できたこともありました。

「そして、できるだけ犬の負担を少なくするということも大切にしてほしい。犬を大事に扱《あつか》い、負担の少ないグルーミングのやり方が、本校の実習の推《お》しなので、そういう看護的な意識の強いグルーマーに育ってほしいです」

これまでも宮田さんは論文を書き、何度も学会発表を行ってきました。日本動物看護学会第25回大会では「イヌにおける直腸温と腋《えき》下《か》温の差についての考察」を発表し、優秀《ゆうしゅう》賞を受賞しています。飼《か》い主とペット、そしてトリマー、グルーマーのために「グルーミング学」の確立をめざして、今後も指導の合間に、研究を続けていくそうです。

グルーミング学の確立をめざして

ミニドキュメント 2 フリートリマーという働き方

フリーだからこそ強みを活かして

出張《しゅっちょう》・訪問《ほうもん》トリミングGROOM
三島《みしま》由依《ゆい》さん

ドッグショーでも動物病院でも

三島由依さんは6年ほど前から、どこにも所属しないでトリミングの仕事をするフリーランスのトリマーとして働いています。三島さんがどういった道を歩み、フリートリマーとして今、どのような働き方をしているのか、話してくれました。

三島さんは1981年に島根《しまね》県で生まれました。「父が犬好きで、大型犬を何頭も飼《か》っていました。大きな犬が好きなのかと思えば、小型犬のシーズーも飼《か》っていたんですよ」と三島さん。そのシーズーのカットスタイルがかわいくて、高校生ながら「あんなカットができるようになりたいな」と思っていたといいます。

高校を卒業後、トリマーの養成校に入るために上京。学校は一般《いっぱん》社団法人ジャパンケネルクラブ（ＪＫＣ）の認定校（公認トリマー養成機関）である東京愛犬高等美容学園（現・東京愛犬専門学校《とうきょうあいけん》）に決めました。飼《か》っていた犬の血統証明書をＪＫＣが発行していたので、ＪＫＣは三島さんにとってなじみのある愛犬団体で、ＪＫＣの認定校ならトリマーライセンスの取得にも有利だと考えたからです。

幼いころから、大きさも毛の質も違《ちが》う犬を何頭も飼《か》ってきたので、犬の扱《あつか》いで困ることはありませんでした。２年生の時、ＪＫＣの認定校だけで競い合うトリミングの全国大会で優秀賞《ゆうしゅう》を受賞すると、トリマーになりたいという思いが強くなりました。本格的に技術をみがき始め、卒業後は優秀賞《ゆうしゅう》に導いてくれた先生のサロンに就職し、ドッグショーで活《かっ》躍《やく》するショートリマーも経験しました。

ドッグショーは、その犬種のスタンダードに沿って、姿形を審査《しんさ》する犬の品評会です。ドッグショーにかかわるトリマーは、ドッグショーで通用するだけの高度なカット技術を、身につけていなければいけません。誰《だれ》もができるわけではない貴重な経験を経て、今度は動物病院のトリミングサロンへ。ここでは健康ではなかったり、年を取っていたり、ドッグショーとは別の意味で、犬の扱《あつか》い方には技術と注意が必要でした。

多様になったトリマーの働き方

動物病院で３年間勤め、つぎにトリマー養成校に併設《へいせつ》されたトリミングサロンの店長に起用されます。サロンで新人教育をしたり、集客方法を考えたりする一方、養成校でも学生の指導にあたりました。

残念なことにこの養成校は閉校したため、別のサロンで再び店長を務めました。けれど、ここも移転・立ち退きというサロン側の事情で、やめざるを得なくなってしまいました。これを機に、三島さんはフリーランスという働き方を選ぶことにしたのです。

「ここ10年で、トリマーの働き方が大きく変わったと思います。フリートリマーという言葉が一般《いっぱん》的になり、その数もすごく増えました」と三島さんは言います。

お客さんの家に出向いてトリミングをするトリマーは出張トリマー、訪問トリマーと呼ばれます。どこにも所属せず一人でやっているので、一人とトリマーをかけて「ひとりマー」という言い方もあるのだとか。


ほとんどがフリーランスのトリマーで、お客さんはかつて勤めていたサロンのお客さんだったり、トリマーが発信しているSNSを見た人やお客さんからの紹介《しょうかい》といった形で増えていきます。最近では、お客さんのニーズに合ったトリマーを派遣《はけん》するトリマー派遣《はけん》会社や、出張トリミング専門の会社も設立されています。

三島さんもトリマー派遣《はけん》会社に登録しています。スキルチェックを受けて登録すると、これまでの実務経験によって時給が決まるといいます。派遣《はけん》会社には登録時に、週3回や、午後のみなどと、自分の希望を伝えておきます。派遣《はけん》会社にはトリマーを探している店舗《てんぽ》や企業《きぎょう》からの求人情報が寄せられているので、たくさんの求人のなかから希望に合った勤務先を連絡《れんらく》してくれるのです。

たとえば、派遣《はけん》会社と契約《けいやく》しているサロンAで、トリミングの予約が何件も入っているのに、担当トリマーが急用で出勤できなくなってしまったとします。すると、派遣《はけん》会社から三島さんに「○○日の午後からサロンAに行けますか?」と連絡《れんらく》が来ます。時間が合えば、三島さんはサロンAに出向いて、サロンAのお客さんに対応しますが、もしほかに出張トリミングなどの予約が入っている場合は「行けません」と答えるだけです。断ったからといって、ペナルティーが発生するわけではなく、派遣《はけん》会社はまた別の登録トリマーに連絡《れんらく》を入れます。

道具を車に積み込《こ》んで

三島さんは今、派遣《はけん》会社からの依頼《いらい》には、なかなか応じることができないといいます。

出張トリミングのほか、動物病院のトリミングルームにも週2日勤務しているうえ、1章

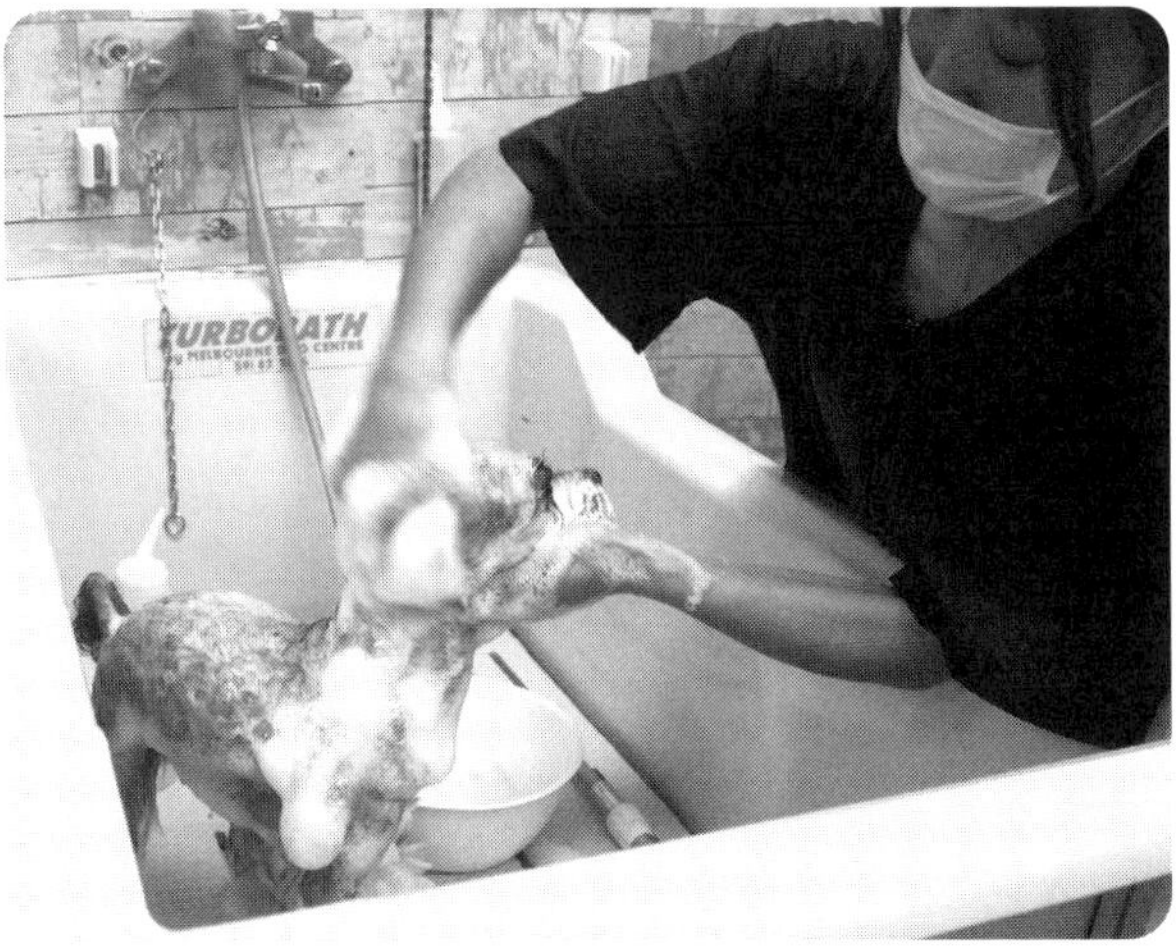

フリートリマー専用スペースでシャンプーをする三島さん

ドキュメント1で紹介《しょうかい》した斉藤智江さんの店ブルームのフリートリマー専用スペースを使って、自分のお客さんの犬のトリミングも行っているからです。

ブルームでトリミングをする場合、飼《か》い主が斉藤さんの店まで犬を連れてくる場合もありますし、三島さんが送り迎《むか》えをすることもあります。一般《いっぱん》のお客さんと同額ではありませんが、ブルームに設備の使用料を支払い、トリミングの代金はお客さんから三島さんが提示している額をもらいます。ブルームに予約を入れられないけれど、「すぐにトリミングをしてほしい」というブルームの新規のお客さんを、三島さんが担当することもあるそうです。

三島さんは、毎日9時から仕事を始めます。ブラシやコーム（櫛《くし》）、ハサミやクリッパー

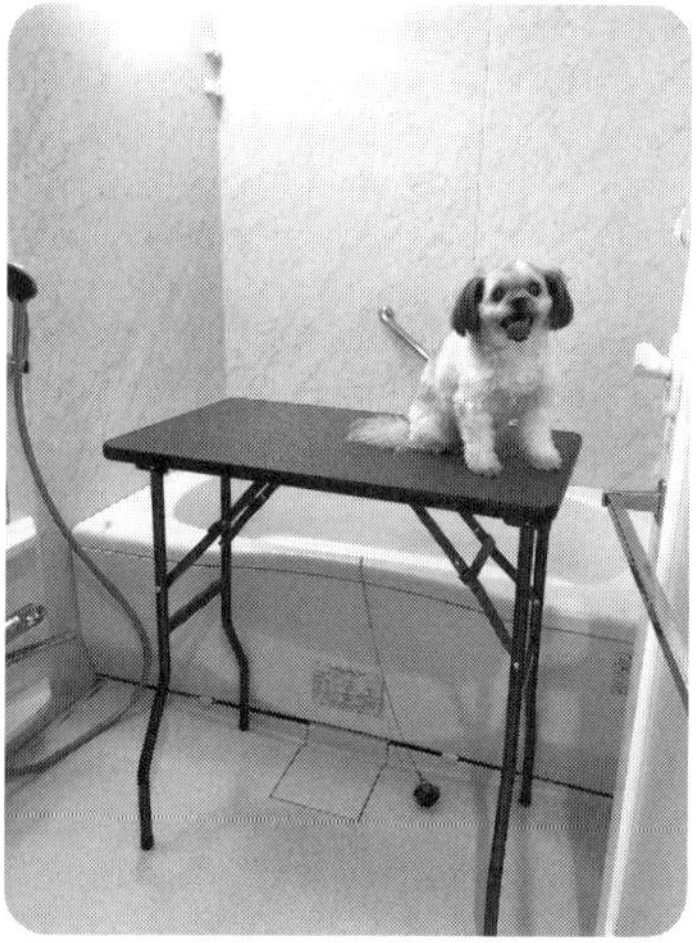

トリミング道具を車に積んでお客さんのもとへ

取材先提供

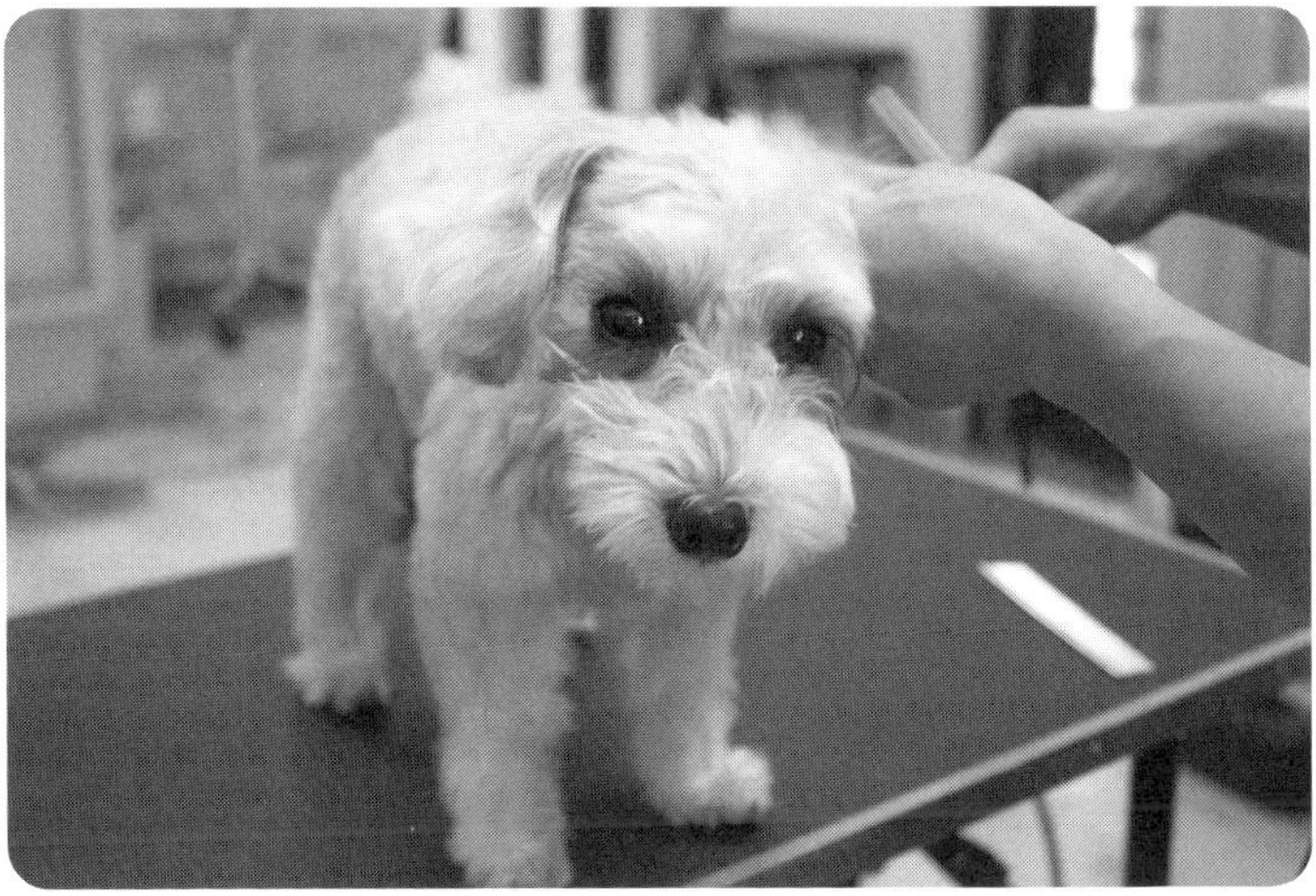

トリミングは限られた場所と時間で、素早く

（ペット用のバリカン）、爪切《つめき》りなど、身のまわりを整える道具とトリミング台、業務用ドライヤーなどを車に積み込《こ》んで、予約してくれたお客さんの家に向かいます。

送り迎《むか》えをしないサロンに勤めているトリマーなら、車の免許《めんきょ》がなくても仕事はできるかもしれませんが、出張トリマーには車は必《ひっ》須《す》です。ただ、サロンのような設備がなくても、トリミング台が置けるスペースがあればだいじょうぶ。シャンプーはお風呂場《ふろば》や洗面台を借りて行います。たいてい脱衣所《だついじょ》で作業をするそうです。

出張トリミングの予約は、高齢《こうれい》のお客さんが多いといいます。飼《か》い主同様、犬もほとんどが高齢《こうれい》犬です。出張の場合は、通常の料金プラス出張料が加算されますが、車をもっていないとか、2頭、3頭の多頭飼《か》いで、一度に連れて行くのが大変な場合など、「出張トリミングができますよ」と言うと、とても喜ばれます。シャンプーだけの場合もありますし、シャンプーはできるけれど、爪切《つめき》りが苦手でできないという場合もあり、オーダーはそれぞれですが、希望に沿ったことを短時間でこなします。

高齢《こうれい》犬のケアにも力を注ぐ

出張トリミングのよさは、飼《か》い主に手伝ってもらいながらできることだといいます。手が足りないからではなく、犬が安心できることと、飼《か》い主が高齢《こうれい》でも「自分も世話をしてあげている」という気持ちになってもらうことが大事だと考えているからです。

高齢《こうれい》犬の世話をする時に、特に注意を払っているのが保定です。保定とは治療《ちりょう》や施術《せじゅつ》の

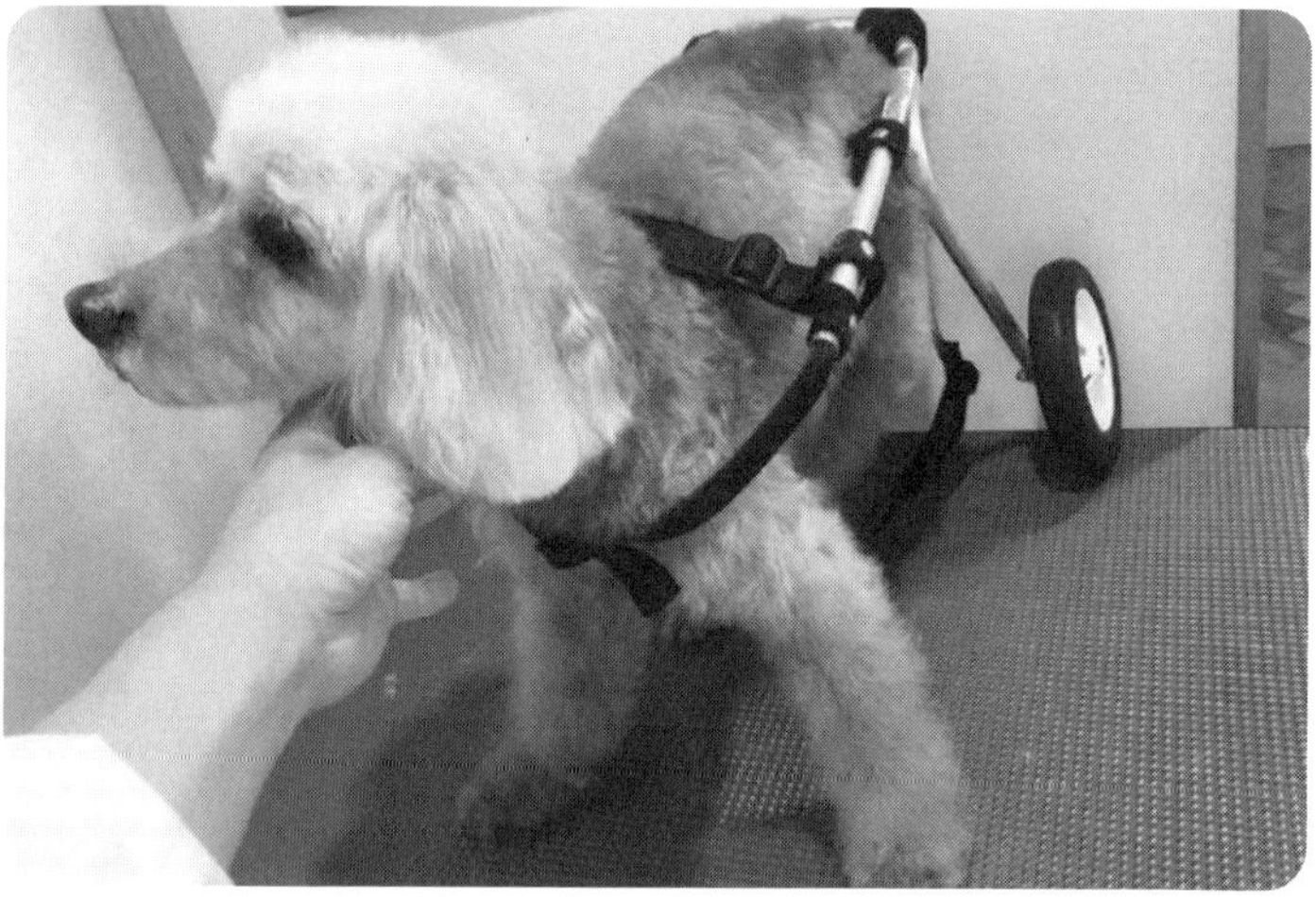

ときには、15歳で下半身まひになった犬の依頼も　取材先提供

さいに、動物が動かないように抱き、押《お》さえておくことで、必要以上に力を入れてはいけません。だからといって、ゆるく押《お》さえて暴れさせてしまっては、保定した意味がありません。力加減やコツは経験の中でつちかったもの。動物病院のトリミンググルームでの経験もあり、自分なりに勉強してきたことが役に立っています。

ここのところ高齢《こうれい》の飼《か》い主から「来てほしい」いう依頼《いらい》が、立て続けにありました。犬も18歳《さい》、15歳《さい》の高齢《こうれい》犬で、ほかのサロンでは施術《せじゅつ》を断られたというのです。

「高齢《こうれい》犬のケアは、できる人が限られているので、何とかしてあげたいと思います。頼《たの》まれたら、相談のうえで猫《ねこ》のグルーミングもしています。トリマーって、病気を治せるわけではないので、どこまで必要なのかなと思う時もあるのですが、犬や猫《ねこ》と飼《か》い主さんが、よりよい環境《かんきょう》でいっしょに過ごせるお手伝いができればいいなと、それだけを思ってやっています。フリートリマーは出張トリミングもでき、活動範囲《はんい》が広い。トリミングしている犬に限りますが、ペットシッターもお願いされることがあるんですよ。

犬の栄養学なども学んで、いつかアドバイスできるまでになりたいと考えています。犬や猫《ねこ》と飼《か》い主さんが快適に生きるために、トリマーが必要なら、私はこれからも、いくらでも力になろうと思っています」

「SNSを見て連絡《れんらく》しています」というお客さんもいるそうです。三島さんは「もう少しSNSをじょうずに使わないと、お客さんは増えませんよね」と笑いました。

生活と収入

勤務形態によって差がある年収、土日に休めないことが多い仕事

バラつきがあるサロン勤務の給与《きゅうよ》

トリマーの給与《きゅうよ》は、勤務先が大型ペットショップに併設《へいせつ》されたペットサロンか、個人経営のペットサロンなど、その規模によって変わりますし、勤務形態が正社員かアルバイトやパートかによっても変わります。個人店も多いためバラつきがあり、給与《きゅうよ》の平均が出しにくいというのが正直なところです。

求人情報サイト「求人ボックス　給料ナビ」が、２０２４年1月に各企業《ききぎょう》が発信した求人情報に基づいて試算したデータによると、全国的なトリマーの平均年収は約３３９万円。月給で換算《かんさん》すると28万円、初任給は23万円程度が相場だという数字が出ています。このデータは２０２４年1月に限ったものですし、あくまでも参考値ですが、国税庁《こくぜいちょう》が２０２３

年9月に発表した日本人の平均年収が457万6000円だったことからすると、決して高い年収ではありません。

ほかの調査では、全国のトリマーの平均月収はおよそ19万円〜23万円でした。アルバイト・パートの平均時給はそれぞれ1000円〜1200円くらい、派遣《はけん》トリマーは経験によって時給が上がり、1400円〜1800円といったところです。

給与《きゅうよ》以外の待遇《たいぐう》が充実《じゅうじつ》していることも

大型店では基本給以外に、たとえば残業手当や休日出勤手当、役職手当などの手当が支給されるほかボーナスもあり、福利厚生が充実《じゅうじつ》している企業《きぎょう》も少なくありません。また、万が一に備え、ペットを預かっているあいだに起こりうる想定外の事故などに対して、ペット事業者賠償《ばいしょう》責任保険などにも加入していることでしょう。

大型店に勤めていても、一時期は「こんなに働いて、月給はこれだけか」と思ったこともあったと、あるトリマーが話していました。それでも乗り切れたのはボーナスや手当があったことと、やはりトリマーの仕事が好きだったから。そして、いつか独立しようと考えていたからでした。その後、個人店、大型店でみがいたグルーミングの技術と営業力、経営力を武器に独立。月収は大幅《おおはば》にアップしました。

独立開業で収入アップ

独立して店をもつということは、経営者になるということです。店舗《てんぽ》を借りている場合は、家賃を支払わなくてはなりませんし、自宅で開業できたとしても、水道光熱費や保険などの必要経費は、収入から出さなくてはなりません。フリーランスのトリマーも家賃こそ払いませんが、トリミングの事業を経営しているようなものです。そのため、技術者としての仕事以外に、やらなくてはいけないこと、気を配らなくてはいけないことが山ほどあります。

しかし、独立開業には大きなメリットがあります。まず、働き方の自由度が高いことです。お客さんへの対応も自分が思うようにできます。また人間関係に悩《なや》まされないですむことも大きなポイントです。しかも「月収は大幅《おおはば》にアップした」と書いたように、がんばればがんばっただけ給料が増えるのです。

あるトリマーは子どもの出産を機にサロンをオープンしました。インターネットでの宣伝もいっさいしていませんが、トリミング技術に定評があり、料金が多少高くても、彼女《かのじょ》に愛犬をカットしてもらいたいというお客さんからの予約が絶えません。たった一人でサロンを切り盛《も》りし、月収は70万円〜80万円だといいます。

働きたい場所は人それぞれ

独立して開業することは、高い収入を得る手段のひとつですが、トリマーがみんな独立をめざしているかというと、そうではないとも聞きました。経営のことなど考えず、トリマーという仕事だけに没頭《ぼっとう》したいという人も、実際にいるのだそうです。トリマーとして飼《か》い主とペットに喜ばれることを生き甲斐《がい》にして、ずっと雇用《こよう》される形で仕事を続けていく人もいるのです。

最近よく見聞きするようになったのが、動物保護団体や企業《きぎょう》が運営する保護シェルターやカフェなどでのトリマー業務です。ある企業《きぎょう》の保護犬・保護猫《ねこ》カフェで働くトリマーは、エサやりなど世話全般《ぜんぱん》に加え、シャンプーやトリミングをして、常に体を清潔にしてあげ、保護犬や保護猫《ねこ》を飼《か》いたいという里親と縁《えん》を結ぶ役目を果たしていました。こうした団体や企業《きぎょう》でも地域によって差がありますが、時給なら1000円～1200円、月給は18万円～25万円といったところでしょうか。雇用《こよう》保険をはじめ福利厚生が充実《じゅうじつ》しているところもありますが、待遇《たいぐう》はまちまちなので確認してみましょう。

予約を確認して一日の仕事がスタート

土日祝日が忙《いそが》しいので休みは平日に

トリマーの勤務時間はだいたい8時間です。営業時間は店舗《てんぽ》によって多少の差はありますが、午前9時、10時から午後6時〜8時が一《いっ》般《ぱん》的。定時に始まり定時に終わることが基本ですが、閉店後に掃除《そうじ》や事務作業を行うと、退勤時間はもう少し遅《おそ》い時間になることもあります。

早朝から出勤するとか、残業続きで帰りが深夜になるということはほとんどないので、勤務しやすいといえますが、休日が平日のことが多く、長期休暇《きゅうか》も取りにくいという特徴《とくちょう》があります。お客さんがトリミングサロンやペットショップに来店するのは、土日や祝日が多いため、その日を定休にするわけにはいきません。

トリマーが数人いるサロンでは、休日は土日を含《ふく》めたシフト制にしているところもありますが、トリマーの仕事は週末や大型連休、お盆《ぼん》や年始年末などの季節休暇《きゅうか》の時期にも勤務する仕事だと思っておいたほうがいいでしょう。

繁忙《はんぼう》期は夏と12月

年間を通して見てみると、繁忙《はんぼう》期（とても忙《いそが》しい時期）は初夏から夏休みと12月です。初夏から夏休みに忙《いそが》しいのは、暑くなり始めると、暑さ対策のために夏向きのサマーカットをオーダーする飼《か》い主が増えるからです。

人の美容室・理容室も12月が繁忙《はんぼう》期ですが、それはきれいにして新年を迎《むか》えたいという人が多いからだといいます。トリミングサロンが12月に予約がいっぱいなのはそれと同じで、飼《か》い主が自分の犬をきれいにして新年を迎《むか》えたいと思っているからだそうです。通常の2倍は忙《いそが》しいと聞きました。

ホテルを兼業《けんぎょう》しているサロンでは、大型連休や夏休みなどの行楽シーズンは、予約が殺到《さっとう》するため、休みを取ることは不可能に近いといいます。

トリマーのこれから

活躍の場は広がっている技術をみがき知識を広げよう

ペットがいる限り需要《じゅよう》はなくならない

それぞれのペットの個性や飼《か》い主のリクエストに応じて形を整え、被毛《ひもう》や皮膚《ひふ》などの健康を維持《いじ》するサポートをするのが、トリマーの仕事です。確かな技術と豊かな感性をもち合わせたスペシャリストであり、人びとにペットとともに生活する喜びを提供するコンサルタントでもあります。ペットが家族の一員としてともにいる限り、グルーミングの需要《じゅよう》はなくなることはないでしょう。

トリマーといえば女性の仕事というイメージが強く、今でも男性トリマーの割合は決して高くありません。美容やペットの仕事に就くのは女性という固定観念や社会的なイメージが、男性がトリマーになることの足を引っ張ってきたのかもしれません。社会全体が従来の女性観、男性観にとらわれない多様性を大切にしようという時代です。かつて主に女性の仕事とされていた美容師の仕事にも男性が進出し、1990年代から2000年代のはじめに巻き起こった「カリスマ美容師」のブームをリードしたのは男性の美容師でした。

高まる男性トリマーの需要《じゅよう》

結婚《けっこん》して、男性の収入だけで一家の生活を支えることを考えると、トリマーの年収では厳しいといわれてきました。そうした収入面の不安も、男性が職業にトリマーを選ぶことを拒《こば》んできたのかもしれません。雇《やと》われているあいだは月収の低さに、もっと収入の高い職種に転職する人もいたそうです。けれど、多くの収入が期待できる道として、独立開業があることは、すでに紹介《しょうかい》した通りです。

力がある男性なら、大型犬や落ち着きのない元気な犬を制御《せいぎょ》することもたやすく、また男性の飼《か》い主からは、同性で話しやすいため評判がいいと聞きました。男性も積極的にペットのケアにかかわるようになったという時代背景もあり、男性トリマーの数は増えています。

また、東京都内には男性トリマーしか雇用《こよう》しないサロンがあるそうです。男性トリマーの存在がお客さんの層を広げ、固定客を増やしているからだといいます。「カリスマトリマー」と呼ばれ、人気を集めている男性トリマーもいて、高い技術力とセンスを発揮して、ドッグショーやコンテストで華々《はなばな》しい成績を残し、あこがれの存在となっています。今後も男性トリマーの需要《じゅよう》は高くなると予想されています。

増えている高齢《こうれい》のペットへの対応

ジャパンケネルクラブのデータによると、トリマー資格の取得者数は増加傾向《けいこう》にあるようです。犬と猫《ねこ》の飼育《しいく》数も前年に比べて増えていますが、少子高齢《こうれい》化が進む日本では、今後新規の飼育《しいく》者数が大きく伸《の》びることはなく、横ばいが続くのではないかと予想されています。その一方で、ペットといっしょに旅行をしたり、素材を厳選したペットフードや高額なサプリメントなどを買い求める飼《か》い主も増え、犬や猫《ねこ》にかける年間支出額は増加しているという結果が出ています。

今は少子高齢《こうれい》化社会だと書きましたが、飼《か》い主の高齢《こうれい》化とともにペットも高齢《こうれい》化しています。ペットも年を取ったから、グルーミングをするのは負担になるだろうと思う人が少なくありません。でも、逆に高齢《こうれい》だからこそ、体の異常の早期発見には日常的なグルーミングは欠かせないといえます。できるだけ体への負担を減らすよう、グルーミングの時間や方法を工夫してあげましょう。

ほかの人にはない技術や知識を強みにして

高齢《こうれい》犬には2カ月に一度、2時間かけてグルーミングをするなら、毎月でも30～40分と短い時間で終わらせてあげたほうが、負担は少なくてすみます。高齢《こうれい》犬の対応に長《た》けたトリマーがいるサロンなら、安心して任せることができますし、訪問トリマーに頼《たの》めば、家にいながらにして、要望通りのグルーミングをしてもらえます。訪問トリマーの需要《じゅよう》も今後、さらに拡大するでしょうし、老犬ホームなどの介護施設《かいごしせつ》でも、トリマーの手が必要になるでしょう。

1章ドキュメント1で紹介《しょうかい》した斉藤智江さんのように、皮膚《ひふ》病の予防や治療《ちりょう》に力を注ぎ、飼《か》い主から信頼《しんらい》されているトリマーもいます。トリミングの技術と知識だけでなく、老犬介護《かいご》の知識やマッサージ、指圧の知識、花療法《りょうほう》やアロマテラピー、ペットの栄養学、手づくりおやつ指導など、ほかの人にない強みをもち、お客さんにアドバイスできるようになることも、トリマーとしての戦略のひとつです。

需要《じゅよう》は確かにあるので、どんな形態で仕事を続けるにしろ、努力を忘れず、お客さんの信頼《しんらい》を得ていくことが大切です。自分がなりたいトリマーになるためによく調べて努力を重ね、飼《か》い主とペットを幸せにできる技術者になってください。

3章

なるにはコース

適性と心構え

動物とも人ともコミュニケーション能力が必要

飼《し》育《いく》経験のある人は強い

トリマーになるのに、「犬や猫《ねこ》が好きだから」というのは前提条件ですが、ペットの飼《し》育《いく》経験がある人とない人とでは、やはり経験のある人が向いているといえます。言葉を話さない犬や猫《ねこ》の挙動や表情から感情を読み取って、どうすることが適切かを判断する必要があるからです。そのため飼《し》育《いく》経験が豊富な人は、より適性があるといえるでしょう。

ただし、それは絶対条件ではありません。養成機関でグルーミングの技術を学び、たくさんの犬とふれあい、観察することで、最適なアプローチの仕方を身につけることができます。まず犬や猫《ねこ》が好きで、全身をきれいにしてあげたいという意欲があることが重要です。

技術力だけでなく体力と笑顔《えがお》が欲しい

実際にトリマーの仕事をしていくとなると、カット技術はもちろん、犬に対する知識やお客さんへの対応など、実務の中で身につけられることも多いので、独立開業をめざすにしても、一度はサロン勤めを経験しておくとよいでしょう。

シャンプーやカットだけでなく、タオル類の洗濯《せんたく》や道具の手入れ、掃除《そうじ》など日々の業務もしなくてはなりません。学生時代よりはるかにお湯を使う時間が長くなり、手荒《てあ》れが起こることもあり、また犬や猫《ねこ》の抜《ぬ》け毛やフケが原因のペットアレルギーを発症《はっしょう》するケースもあるといいます。そうした対策や対処法は調べておきたいものです。

また、一日中、ほとんど立ちっぱなしですし、犬をドッグバスやトリミング台に移動させるために抱《だ》きかかえなくてはなりません。何回も行うとなると意外に重労働です。「手《て》荒《あ》れと腰痛《ようつう》はトリマーの職業病」といわれているほど。予防をおこたらず、日々の労働を支える健康を維持《いじ》することを大切にしてください。

1章ドキュメント3で紹介《しょうかい》した畠山桃子《はたけやまももこ》さんのように、海外のコンテストで入賞したり、ショーの舞台《ぶたい》で技術を披露《ひろう》したりできるようになるには、技術力だけでなく体力や精神力、忍耐《にんたい》力が必要です。すばらしいパフォーマンスでお客さんに満足してもらうために、常に体調を整え、いつも笑顔《えがお》でいられるよう、自己管理につとめる姿勢が肝心《かんじん》です。

コミュニケーション能力はあったほうがいい

トリマーとして働き始めると、はじめのうちは飼《か》い主と話をする余裕《よゆう》もないかもしれません。ですが、接客業なので、コミュニケーション能力は必要です。中高生のうちに、または養成校で学んでいるあいだにも、積極的にたくさんの人と話す機会を設けてください。その方法のひとつにお勧《すす》めなのが、「接客が必要なアルバイト」だと養成校の先生がアドバイスしてくれました。しっかりと接客の指導をしてくれるアルバイト先なら、なおいいとのこと。

日々のやりとりが飼い主との信頼関係を築く　中央動物専門学校提供

多様なサービスが求められる時代です。しつけや飼育《しいく》方法などのアドバイスができるなど、グルーミング以外でも、ペットと飼《か》い主の生活をサポートできる人材が求められます。飼《か》い主の希望をていねいに聞き、それを形にできることが大切。チームワークが大切なので協調性も必要です。明るく対応することができると、お客さんにも勤務先のスタッフからも慕《した》われることでしょう。

新しい情報をキャッチし形にする力が必要

一般《いっぱん》社団法ジャパンケネルクラブが毎年発表している「犬種別犬籍《けんせき》登録頭数」によると、2023年の人気犬種の1位は、14年連続でトイプードルでした。トイプードルはカットの種類も豊富で、カットの仕方によって雰囲気《ふんいき》がまったく変わるため、飼《か》い主としてもいろいろ試したくなるそうです。

トリマーは基本的なカットスタイルだけでなく、そんな犬の流行のカットスタイルをキャッチする積極的な姿勢も求められます。特にドッグショーやコンテストに出る犬のグルーミングやトリミングには、相当練習を積まなければなりません。自分の感性をみがくには、常に新しい情報をキャッチしておくアンテナが必要です。

トリミングの専門誌やカットスタイルブックなどの書籍《しょせき》のほか、インターネットで動画配信をしているトップトリマーもいて、いくらでも自分で技術をみがくことができる時代です。学生時代より仕事に就いてからのほうが、むしろ多くのことを学ばなくてはならないでしょうし、学べるのではないでしょうか。

サービス業としての特徴《とくちょう》を理解しておこう

時代の流れを敏感《びんかん》に感じ取り、自分の言葉として飼《か》い主に伝える力をもつこと、これはとても重要なことです。最後にトリマー養成校の先生の言葉を記しておきましょう。

「どの職業も、同じことが言えるとは思いますが、特にサービス業では、働いていてつらい場面をお客様には見せません。華《はな》やかに見えるトリマーの仕事ですが、見えない部分で大変な思いをしながらペットとお客様のサポートをしています。職業に対する理解度が低いまま進路決定をすると、いざ学びを始めた時に『想像と違《ちが》った』と、夢《ゆめ》をあきらめてしまいがちです。理解度を深めた上で、社会の役に立てるすてきな仕事として、やりがいを見出してもらえればと思います」

養成校で学ぶこと

さまざまな犬種にふれられる 実り多き2年間

技術習得の早道は専門学校に通うこと

トリマーになるには、資格は必須《ひっす》ではありません。民間団体が認定している資格はありますが、国家資格ではないため、乱暴な言い方をすれば、資格がなくてもトリマーとして働けます。ですが、生き物を扱《あつか》う以上、専門的な知識や基本的な技術を身につけてはじめて、信頼《しんらい》を得られるというのも事実です。インターネットで配信されている動画や書籍《しょせき》の情報だけで、技術を習得するのは難しいかもしれません。また、かつての徒弟制度のように、師匠《ししょう》に弟子入りして技術だけをみがくというのも、時代に合わない部分がでてきます。ここでは一般《いっぱん》的な方法として、専門学校で学ぶという道を紹介《しょうかい》します。

専門学校であれば、講義やたくさんの実習を通じて、先生から必要な技術を直接教えてもらえるため上達も早く、社会に出てからのノウハウだけでなく、就職への指導もしてもらえます。トリミングサロンや講習会、動物病院などで働く現役のスペシャリストが指導にあたるため、即《そく》戦力《せんりょく》になる生きた知識を吸収することができます。

専門学校ではグルーミングやトリミングの理論と実習だけでなく、座学として犬種や解《かい》剖《ぼう》学、公衆衛生学、消毒法などの知識、さらにはパソコン演習や企業《きぎょう》研究など、社会人として必要な知識と技術を身につけることができます。

どんなトリマー、グルーマーになりたいか

2章ミニドキュメント1で登場したヤマザ

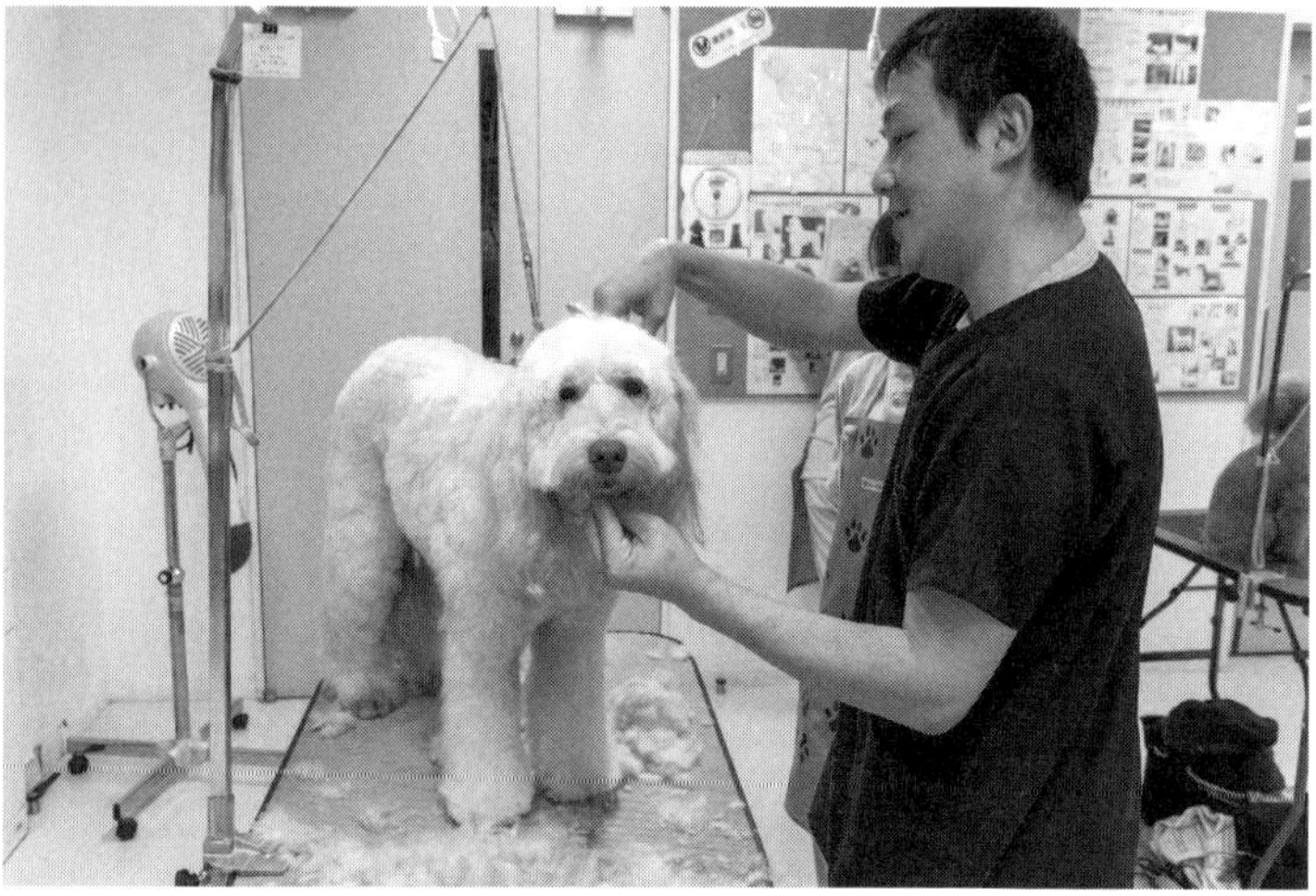

養成校でのカット指導のようす　　ヤマザキ学園提供

キ動物看護専門職短期大学で教鞭《きょうべん》をとっている宮田淳嗣《みやたあつし》さんは、どういうグルーマーになりたいかによって、選ぶ学校が変わってくるといいます。それぞれに特色があり、重点を置いている分野や学び方が異なるからです。

たとえば、愛玩《あいがん》動物看護師の国家資格をもった動物看護にくわしいグルーマーとして働きたいなら、愛玩《あいがん》動物看護師の養成校に進学しなければなりません。トリミングの専門学校ではある程度、動物看護の勉強はできても、愛玩《あいがん》動物看護師の国家資格は取れないからです。

「ドッグショーで活躍《かつやく》するようなトリマーをめざしたいなら、ジャパンケネルクラブ（JKC）の資格を取ったほうが有利かもしれません。JKCの資格は、日本では歴史もあり、認められているものなので、JKCの資格が取りやすい認定校に行ったほうが、おそらくその子の夢《ゆめ》を叶《かな》えるには近道になると思います」と宮田さんは話してくれました。

1章ドキュメント2で紹介《しょうかい》した長澤佑樹《ながさわゆうき》さんは、飼《か》い主さんに安心してもらえるサロンの環境《かんきょう》づくりに力を入れたかったので、ショークリップのような高度なカット技術の勉強より、マーケティングや経営学の勉強を重視していました。だからJKCの資格の取得にはこだわっていなかったと言っていました。自分がどういうトリマーになりたいかを明確にすると、学校も選びやすいのではないかと助言してくれました。

トリマー専門学校の実際

まずは基本を実践的に学び卒業するまでに専門技術を習得

モデル犬によるたくさんの実習

トリミングの技術はどのように身につけていくのでしょうか。中央動物《ちゅうおうどうぶつ》専門学校愛犬美容科（2年制）を例に説明していきましょう。

実際に犬にふれ、カットの実習もしなければならないので、相当数の犬や猫《ねこ》がいてくれなければ困ります。同校では学校が所有している約100頭の校有動物がいて、学生たちが実習で手入れをするほか、日々世話をしています。

そのほか指定の地域からさまざまな種類の家庭犬と猫《ねこ》にカットモデルとして登録してもらい、動物美容実習でシャンプー、カット、爪切《つめき》り、耳掃除《そうじ》などの実習をします。途中《とちゅう》のチェックや最後の仕上げは教員が行っています。ほとんどの学校が地域にねざして、モデル犬制度によってトリミング技術を身につけていきます。

1年生で、1頭一人でトリミング

中央動物専門学校では、入学してから1カ月は器具の持ち方から使い方のみの練習、5月から犬を実際にさわって、ブラッシングを学びます。次回はブラッシング＋シャンプー、そのつぎにはブラッシング＋シャンプー＋爪《つめ》切《き》りをしてみようと、段階的にグルーミングの内容を増やして習得していきます。

1年生の修了《しゅうりょう》時には、1頭丸ごと一人でトリミングができるようにするというカリキュラムなので、夏休み前には一人で1頭できるように進めていくそうです。犬にさわり慣れていない学生にとっては、かなりハードです。

2年生になると、さらに動物美容実習の時間は増え、犬に負担をかけないよう短時間に、正確に美しいトリミングができるように練習にも熱が入ります。また選択《せんたく》科目で、犬の扱《あつか》い方とはまったく違《ちが》う猫《ねこ》のグルーミングも経験できます。学校によっては必修科目として猫《ねこ》のシャンプー、ブローを学ぶところもあります。

図表2 動物美容実習の流れ

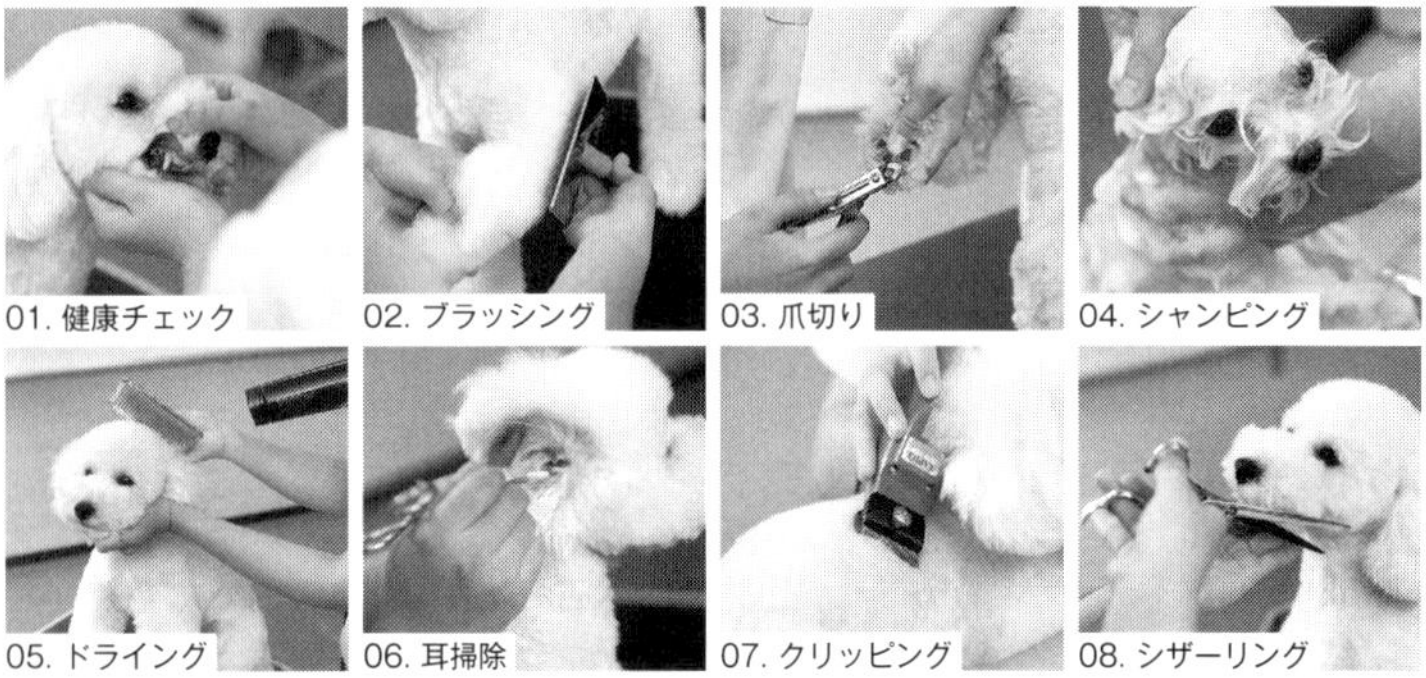

中央動物専門学校提供

学校見学の勧《すす》め

専門学校は、認可校と無認可校の2種類に分けられます。認可校とは、職業教育を行うための高等教育機関（専門学校）で、私立の場合、都道府県知事の認可を受けている学校のことです。

認可校の場合は学歴として認められること、奨学《しょうがく》金《きん》を受けられることなど、無認可校に比べて、有利な点が多くあります。

認可校でもカリキュラムは学校によって内容や学費が異なります。パンフレットやホームページでしっかりチェックしましょう。ほとんどの学校がホームページで授業や文化祭のようすなどを動画で配信しており、SNSで公式サイトをもっています。またインターネットの情報だけでなく、オープンキャンパスや体験イベントに、積極的に参加することをお勧《すす》めします。

主な学科と学ぶ内容

中央動物専門学校の主な学科と学ぶ内容を見てみましょう。

【1年次】

ペットクリップや動物の生態など、トリマーとして基本的なことを実践的《じっせんてき》に学習します。

動物生態学：各犬種それぞれの特徴《とくちょう》を学ぶ。

動物美容器具演習：グルーミングにおける正しい器具の使い方やはさみの持ち方など演習を通じて習得する。

保定学：グルーミングをするさいの理想的な動物の押《お》さえ方を学ぶ。

動物美容学・実習：犬を中心に動物美容全般《ぜんぱん》について学び、基本的なグルーミング技法やトリミング方法を、実践《じっせん》を通して習得する。

企業《きぎょう》研究：ペット業界の動向やさまざまな商品知識を身につける。

【2年次】

将来に合わせた、専門技術を習得します。

動物美容実習：たくさんの校有犬やカットモデル犬にふれ、その犬種に適したカットやスタイリングを考え、短時間で正確に、美しく仕上げる美容技術を習得する。

図表3 愛犬美容科2年制の時間割例

【1年次】

	月曜日	火曜日	水曜日	木曜日	金曜日
1	動物美容学	動物美容器具演習	動物美容実習	愛玩動物飼養管理学	一般教養
2	保定学	動物美容実習		パソコン演習	動物美容実習
3	動物生態学（犬）			企業研究	
4	動物管理実習	動物美容実習	動物美容実習	訓練学	動物美容実習
5	動物生態学（猫）			体験実習	
6	獣医学				

【2年次】

	月曜日	火曜日	水曜日	木曜日	金曜日
1	動物美容実習	必修選択科目①	動物美容実習	必修選択科目②	犬猫疾病学
2		実務教養		動物美容実習	動物管理実習
3		動物生態学（猫）			動物繁殖学
4	動物美容実習	動物美容学	動物美容実習	動物美容実習	選択専門科目
5					
6		体験実習			

図表4 愛犬美容研究科3年制の時間割例

【1年次】

	月曜日	火曜日	水曜日	木曜日	金曜日
1	動物美容学	動物美容実習	一般教養	企業研究	動物美容実習
2	動物生態学		動物美容実習	動物管理実習	
3	愛玩動物飼養管理学			パソコン演習	
4	獣医学	動物美容実習	動物美容実習	体験実習	動物美容実習
5	販売小売学				
6					

【2年次】

	月曜日	火曜日	水曜日	木曜日	金曜日
1	動物美容実習	選択一般科目①	動物美容実習	選択一般科目②	実務教養
2		犬猫疾病学		動物美容実習	動物生態学
3		動物美容学			動物繁殖学
4	動物美容実習	動物美容学	動物美容実習	動物美容実習	動物看護実習
5		動物管理実習			
6		体験実習			選択専門科目

【3年次】

	月曜日	火曜日	水曜日	木曜日	金曜日
1	ショークリップ実習	動物美容実習（アシスタント実習）	動物美容実習（アシスタント実習）	動物看護実習	経営マネージメント
2				動物美容実習	
3					動物美容学
4	ショークリップ実習	動物美容実習（アシスタント実習）	動物美容実習（アシスタント実習）	動物美容実習	選択専門科目
5					
6					

出典：中央動物専門学校

動物生態学：各犬種それぞれの特徴《とくちょう》のほかに猫《ねこ》や魚類、爬虫類《はちゅうるい》などについて学習する。

動物看護実習：トリミング時に必要な身体チェックやその時の動物の状態を把握《はあく》する能力を養い、基本的な看護技術を身につける。

実務教養：ペットショップで働くために必要な知識、接客対応を実践《じっせん》的に習得する。

選択《せんたく》科目：個々の興味ある科目を選択《せんたく》することにより幅広《はばひろ》い知識を身につける。訓練実習、ハンドリング実習、猫《ねこ》美容実習、アニマルアロマ実習、愛玩《あいがん》動物飼養《しよう》管理学、販売《はんばい》小売学、パソコン演習、美術など。

図表5 愛犬美容科2年制の必修教科の例

一般科目	一般教養 実務教養 パソコン演習 販売小売学 合宿研修 **POP デザイン演習、経営学他** **愛玩動物飼養管理学、造形デザイン他**
専門科目	動物美容学 保定学 動物生態学（動物行動学・犬種学・猫学・鳥類学・魚類学・爬虫類学） 愛玩動物飼養管理学 企業研究 訓練学 獣医学 犬猫疾病学 動物繁殖学 **訓練実習、アニマルアロマ実習、猫美容実習他**
実習科目	動物美容器具演習 動物美容実習 動物看護実習 動物管理実習（動物管理・動物栄養・感染症・寄生虫） 体験実習（店舗実習・ハンドリング実習・猫美容実習・メイク美容実習・ドッグショー研修） 校外研修

選択科目で国内研修、海外研修がある
太字部分は2年次からの主な必修選択科目

Column

先生からのメッセージ・幸せなグルーミングを提供するために

中央動物専門学校の愛犬美容科、美容研究科主任を務め、動物美容実習（グルーミング実習）、器具演習、保定学、動物美容学、ハンドリング実習を教えている大津《おおつ》賢太郎《けんたろう》さん。動物関係の仕事をしたいなど思っていた時に、高校の担任から中央動物専門学校を勧《すす》められ、トリマーという仕事を知りました。専門学校に入るまで「手先が器用だ」とほめられたことはありませんでしたが、トリミング実習ではじめてほめてもらったことがうれしくて、これを生き甲斐《がい》にしていこうと思ったといいます。指導に魅力《みりょく》を感じていたため、卒業後、母校に就職しました。

　しかし教職についてみると、自分がグルーミングをするのと、学生に教えるのとでは大違《おおちが》いで、その難しさを実感。受けもちのクラスもあったので、こんなレベルの自分が教えていていいのかと悶々《もんもん》とし、毎日仕事が終わってから、練習させてもらうという日々が長く続きました。

　3年間指導に従事した後、人生経験を積むとともにグルーミングを学ぶために、オーストラリアに1年間留学。帰国後学校に戻《もど》り、教えながら休日を利用して勉強を続け、今でも自分の技術をみがき続けています。

　学生たちの悩《なや》みの種は、落ち着かない犬や咬《か》もうとしてくる犬に対して、どうしたらいいのかということ。大津さんは「接し方とさわり方」だと言います。まずは適度な立ち位置を確保することが大切。近づきすぎても、離《はな》れすぎていてもいけません。犬のどちら側に立つかも重要です。声のかけ方が悪かったり、さわられたくない場所にさわってしまったり、どの指でさわるかも注意が必要。犬が落ち着いてグルーミングを受けてくれることで練習量が増え、犬の負担も減り、必然的に技術力も向上していきます。一人ひとり課題が異なるので、大津さんはそれぞれに「こうやってさわるといい」ということをアドバイスしていきます。

「なぜ、いやがるのかを、犬のようすをしっかり見て、考えられるようになってほしいですね」

たとえば、爪《つめ》を切る時に足を高く上げられたことが苦痛で、それがトラウマになっていて、足にさわられること自体が、いやになっているのではないか。だとしたら、どうしたらいい?

大津さんは「そういう時はいきなり足にふれるの

ではなく、背中からそっとふれながらようすを見てあげよう」と声《お》をかけます。

犬は足先と尾をさわられるのが苦手です。学生は爪《つめ》切《き》りに夢中《むちゅう》だと爪《つめ》しか見ていません。足を高く持ち上げすぎていないか、気がつかないのです。実習で緊張《きんちょう》していたり、慣れていないと余裕《よゆう》がないので、どうしても視野が狭《せま》くなってしまうのだといいます。

「余裕《よゆう》がもてるようになると、犬がなぜいやがっているかが、わかるようになります。『先生は、ああ言っていたな』と気付くのです。ただし、卒業後に。僕《ぼく》もそうでした。

グルーミングは犬との協同作業です。犬が落ち着いて協力してくれることで、よいグルーミングをしてあげられるようになります。こうして犬たちに幸せなグルーミングを提供できるようになっていくのだと思います。動物たちの反応を確認しながらふれあい、学んでください。安心感を与《あた》えるふれ方ができることは、動く動物たちをグルーミングする上で、大切な能力です」

トリマーの資格

技術を学んだ証として資格取得に挑戦

世界でも通用するＪＫＣの資格

トリマーの資格は国家資格ではなく、いくつかの団体が発行している民間資格です。専門学校によって発行団体は異なりますが、在学中に試験を受けることで資格を取得することができます。

トリマー資格のなかでももっとも有名なのが、農林水産《のうりんすいさん》省が認可している日本最大の愛犬団体で、国際畜犬連盟《こくさいちくけんれんめい》に加盟《かめい》している一般《いっぱん》社団法人ジャパンケネルクラブ（ＪＫＣ）が認定する資格です。

ＪＫＣの資格にはＣ級、Ｂ級、Ａ級、教士、師範《しはん》の5種類があり、通常は取得に長い時間がかかります。一般《いっぱん》受験ではＪＫＣの会員になってから2年経たなければ、Ｃ級の試験を受けることができません。Ｂ級を取得するには、Ｃ級を取得してから2年以上経過しなければ試験を受けられないので、Ｂ級を受験するのに最低でも4年かかります。さらにＡ級に挑戦《ちょうせん》するにはＢ級を取得してから3年以上経っていなければ受験できないのです。

ただし、ＪＫＣ公認のトリマー指定校・研修校に入学し、卒業試験に合格すればＣ級が取得できるため、ＪＫＣの資格取得をめざす場合は、公認の養成機関に入学するか、ほかの専門学校に入学した場合は、入学と同時にＪＫＣの会員になることがお勧《すす》めです。最短でＢ級以上を取得するために、ＪＫＣの指定校・研修校に進学する人も少なくありません。

ＪＫＣの公認資格は、取得するまでに時間がかかり、また難易度が高いぶん信頼《しんらい》されており、高いトリミング技術を証明する資格として認知されています。

サロンで活躍《かつやく》する即戦力《そくせんりょく》の印

もうひとつメジャーな資格に、一般《いっぱん》社団法人全国《ぜんこく》動物《どうぶつ》専門《せんもん》学校《がっこう》協会《きょうかい》（ＡＡＶ）が認定する検定資格があります。それがＡＡＶ認定サロントリマー資格3級、2級、1級とトリマー資格2級、1級、Ｓ級です。認定サロントリマー検定は、サロンで働くトリマーとして必要な知識と技術を習得しているかを審査《しんさ》する検定で、3級、2級を受験するには協会に加盟している専門学校で、動物に関する授業を３００時間以上、1級で７００時間以上学

図表6 トリマー資格の種類

資格	試験実施団体	資格の種別など
JKC公認トリマー	ジャパンケネルクラブ	C級・B級・A級・教士・師範
AAV認定トリマー	全国動物専門学校協会	サロントリマー3級・2級・1級／トリマー2級・1級・S級
SAE公認トリマー	全日本動物専門教育協会	初級・中級・上級・教師
ドッグ・グルーミング・スペシャリスト／キャット・グルーミング・スペシャリスト	日本動物衛生看護師協会	DGS（ドッグ・グルーミング・スペシャリスト）／CGS（キャット・グルーミング・スペシャリスト）
I.C.C.グルーマーライセンス	インターナショナルキャットクラブ	C級・B級・A級・教士
AKC認定トリマー	青山ケンネルカレッジ	
JPLA認定トリマー	日本ペット技能検定協会	2級・1級・教師
JCSA認定ドッグトリマー	日本キャリア教育技能検定協会	C級・B級・A級
PD公認トリマー	日本警察犬協会	試験はエアデール・テリア限定
PEIA認定ペットエステティシャン	ペットエステティック国際協会	ペットエステティシャン

一般社団法人、NPO法人などの法人格の種別は省略しています。

ばなくてはなりません。

そのほか、犬を対象とした資格では、一般《いっぱん》社団法人全日本動物専門教育協会《ぜんにほんどうぶつせんもんきょういくきょうかい》の公認トリマー資格や、NPO法人日本動物衛生看護師《にほんどうぶつえいせいかんごし》協会《きょうかい》のDGS（ドッグ・グルーミング・スペシャリスト）資格があります（図表トリマー資格の種類参照）。

猫《ねこ》のグルーマー資格や動物取扱《とりあつかい》責任者の資格も

近年は、猫《ねこ》のグルーミングに関しても、資格制度が設けられています。日本動物衛生看護師協会のCGS（キャット・グルーミング・スペシャリスト）のほか、インターナショナルキャットクラブが、世界の猫《ねこ》の種類や特徴《とくちょう》をはじめ、歴史や猫《ねこ》特有の病気、グルーマーの専門知識や技術を習得したスペシャリストを認定するため、公認のグルーマー養成機関を指定し、資格を設定しています。

さらに、2013年の動物愛護管理法改正によって、動物の販売《はんばい》、保管、貸し出し、訓練、展示、競りあっせん、譲受飼養《じょうじゅしよう》（有料で動物を譲《ゆず》り受けて飼《か》うこと。例として、老犬ホームや老猫《ろうびょう》ホーム）を仕事として行う場合、「動物取扱《とりあつかい》責任者」の配置が必要になりました。

ペットを一時預かるトリミングサロンも、ペットホテルやペットシッターと同じように「保管」業種にあたるため、動物取扱《とりあつかい》責任者の登録が必要です。独立開業にも必要な届け出ですが、専門学校によっては、所定の資格を取得することで、動物取扱《とりあつかい》責任者への登録ができます。確認しておくとよいでしょう。

就職への道のり

トリマー不足といわれ職場の需要はまだまだ高い

安定した需要《じゅよう》がある職業

犬の飼育《しいく》頭数が爆発《ばくはつ》的に増えているわけではありませんが、ペットの美容や健康にお金をかける傾向《けいこう》が強くなっているため、トリマーの需要《じゅよう》は拡大しています。ペットショップや動物病院に併設《へいせつ》されたトリミングサロン、ペットホテル、トレーニング施設《しせつ》や訓練所、ブリーディング施設《しせつ》、動物保護団体の施設《しせつ》など、規模の大小にかかわらず、たくさんの職場でトリマーの求人を見かけます。

多くの専門学校では在学中に、大手のペット関連企業《きぎょう》やトリミングサロン、動物病院などで、プロの仕事を体験できるインターンシップ制度を取り入れています。職場見学や職場経験をすることで、その企業《きぎょう》や施設《しせつ》でどんな人たちが働いていて、どんな雰囲気《ふんいき》なのかがわかり、就職先を判断する材料になることでしょう。また、夏休みや年末年始などトリミングサロンの繁忙期《はんぼう》にアルバイトをするのも、ひとつの方法です。インターンシップやアルバイトを通じて、就職を希望する学生がその施設《しせつ》から、内定をもらうことも多いといいます。インターンシップ先、アルバイト先が就職先になるかもしれません。

就職はほぼ確実

専門学校では企業《きぎょう》や施設《しせつ》と密に連携《れんけい》し、それぞれの学生の希望に沿った就職指導をきめ細かに行っています。そのため、トリマーをめざす学生の就職率は100パーセントに近いといっていいでしょう。

学校の就職実績を確認してみてください。卒業生が就職している場合、そのペット関連企業《きぎょう》やペットサロンと専門学校はある程度、関係性ができていると考えられます。専門学校で企業《きぎょう》説明会を行っているとか、毎年必ず数名を採用しているかもしれません。自分が希望する地域やペットサロンがあるなら、就職実績にその企業《きぎょう》名や施設《しせつ》名があるか、チェックしておきましょう。

大型店と個人店のメリット・デメリット

大手ペットショップが展開している大型サロンと、トリマーが数人の個人経営のサロンの両方の勤務経験があるトリマーから話を聞きました。

個人店のメリットは、トリマーとオーナーとの距離《きょり》が近いため、トリマーの声が通りやすい、つまり提案や意見に耳を傾《かたむ》けてもらいやすいことです。大型店だとトップの社長の下に部長やマネージャーがいるといった組織がほとんどなので、働いているトリマーの声がトップに届くまでに時間がかかります。「こうしたい。こうするといいのではないか」という提案も通りにくいと感じたそうです。

一方、大型店のメリットは、トリミング以外の経験がいろいろできることだといいます。店長を任され、トリマーの教育にたずさわれたこと、海外の店舗《てんぽ》に日本のトリミング技術を指導に行ったこと、グッズの販売《はんばい》のノウハウを身につけられたことなど、技術以外の知識も深めることができました。

大型店、個人店それぞれに特徴《とくちょう》があるので、どちらがいいとは言えません。就職先にはさまざまな選択肢《せんたくし》があるので、積極的に見学したりインターンシップに参加して、現場を肌《はだ》で感じて「働きたい」と思えるトリミングサロンを見つけてください。

独立開業への道

トリミングの確かな技術を身につけたトリマーが求められるのは当然ですが、トリミングサロンではシャンプーとカットだけをしていればいいというものではありません。物販《ぶっぱん》の管理もあるかもしれませんし、病弱なペットを扱《あつか》わなくてはならないかもしれません。犬や猫《ねこ》に対する幅広《はばひろ》い知識をもち、顧客《こきゃく》視点でサービスを提供していかなくてはなりません。

独立開業を考えているのであれば、少なくとも3年は雇用《こよう》される形でさまざまなことを学び、自分の理想とするサロン経営の足固めをしておくことがお勧《すす》めです。顧客《こきゃく》や売り上げの獲得《かくとく》を確かなものにするには、どうすればいいか。市場調査も欠かさないようにしておきましょう。

フリーランスのトリマーになる場合にも、同じことがいえます。高い技術をみがき続けるのと同時に、ほかのトリマーにはない強みやお客さんが喜ぶサービスを提供できるようにすることが重要です。

Column

心をこめられるトリマーに

猫《ねこ》のトリミングについて、74ページでくわしく話してくれたオーガニックサロンミミィフォーペッツのオーナートリマーの宇賀田薫《うがたかおり》さんが、とても奥深《おくぶか》いアドバイスをくれました。

ミミィフォーペッツは、ビンテージマンションの一室を改築した、とても小さなサロンなのですが、お客さんが増えたため、宇賀田さん以外のスタッフも、代わる代わる出勤するようになりました。写真はオーナーの宇賀田さん（左）とスタッフの一人、岩永岬《いわながみさき》さん。何人ものスタッフの仕事ぶりを見て、思うようになったことがあるといいます。

「心をこめることができる人は、意外に少ないんだなと思いました。犬や猫《ねこ》に気持ちをこめて接しているというより、作業に気持ちを集中しているだけのように感じたのです。集中してやっているけれど、ていねいさがないように思ったのです」

宇賀田さんが独立したのは、スピード重視で頭数をこなすサロン運営ではなく、一頭一頭にじっくり向き合い、けれども時間をかけないように効率よく、その上でていねいに施術《せじゅつ》がしたかったからです。最近、ふと「ていねいな行為《こうい》」や「心をこめること」は、「味わうこと」に似ていると思いました。

「スマホやテレビを見ながら、何となく食事をすると、においや食感に気付けないことが多いと思うのです」と宇賀田さん。食べることだけに向き合って、きちんと噛《か》みしめて、心をこめて食べると、確かにその料理の素材や、食感をしっかり味わうことができます。心をこめて食べると、食感がわかるようになることと、トリミングをていねいな気持ちでやることは、よく似ていると、宇賀田さんは意外なことを言いました。

「心をこめることで、その子の状態がよりわかるようになります。味わうようにていねいにトリミングすると、爪切《つめき》りにしても、どこを押《お》さえたら、その子にとって負担がないかとか、毛を乾《かわ》かしている時でも、ドライヤーの範囲《はんい》がピンポイントに見えてきて、異常に気付けるようになるんです」

心をこめた作業ができるようになるには、日常的にていねいな生活を意識することが大切だと言います。ご飯を食べる、掃除《そうじ》をする、それをきちんと意識を向けてやってみる。「料理で野菜を切る時も、雑にパッと切るより、意識してきれいに切ったほうがおいしいですよ」と宇賀田さん。日常生活を意識することで、トリミングも変わるそうです。最近、それをスタッフに伝えきれていなかったなと気付き、自分でも意識するようにしているとのこと。

「トリマーになりたいという人には、ただ技術を駆《く》使《し》するのではなく、味わうこと、心をこめることができる人になってほしい。トリミングの相手は命がある動物です。お金を稼《かせ》ぎたいとか、有名になりたいという欲望につき動かされるのではなく、犬や猫《ねこ》の健康を願って、誠実にまじめに、その子の負担を減らすだけではなく、ゼロにするんだ！　くらいの気持ちで、向き合ってほしいです」

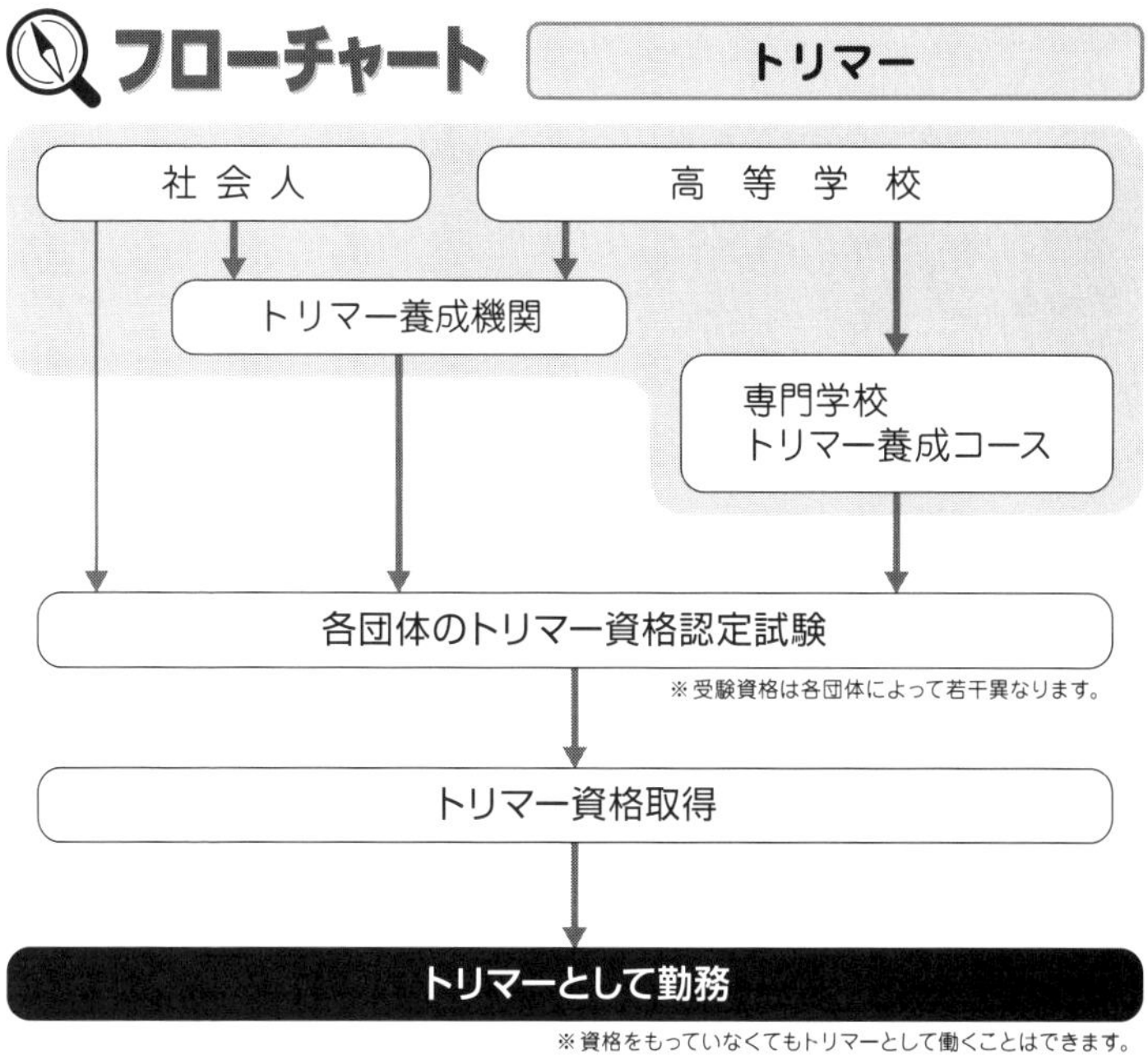
フローチャート
トリマー
社 会 人
高 等 学 校
トリマー養成機関
専門学校
トリマー養成コース
各団体のトリマー資格認定試験
※受験資格は各団体によって若干異なります。
トリマー資格取得
トリマーとして勤務
※資格をもっていなくてもトリマーとして働くことはできます。

なるにはブックガイド

**『改訂版
まるごとわかる　犬種大図鑑』**
若山正之 監修
Gakken

ジャパンケネルクラブのデータを基に人気犬種101種の解説のほか、世界のめずらしい犬80種も紹介。基本的なデータに加え、ケアの手間、かかりやすい病気など、知っておきたい情報が満載。

**『決定版
まるごとわかる　猫種大図鑑』**
早田由貴子 監修
Gakken

世界の純血種のなかでも人気の42猫種と注目のめずらしい猫4種を徹底解説。基本的なデータはもちろん、猫と人の歴史や世界の猫のルーツなどの解説のほか、「飼いやすさ目安チャート」も付属。

『ザ・カリスマドッグトレーナー シーザー・ミランの 犬が教えてくれる大切なこと』

シーザー・ミラン、メリッサ・ジョー・ペルティエ 著　藤井留美 訳
日経ナショナルジオグラフィック社

「カリスマドッグトレーナー」として全世界から支持されるシーザー・ミランが、犬とのさまざまなエピソードを通じて、犬と生きることの意味を語り、充実した人生を送るためのヒントを伝える。

『下僕の恩返し 保護猫たちがくれた ニャンデレラストーリー』

響介 著
ビジネス社

5匹の元保護猫と暮らす著者が猫のための家を建てようと思い立つ。猫優先のわがままな設計に業者は驚愕！　どんな家になるのか、大混乱の一戸建て建築ストーリー。猫たちの写真も楽しめる。

職業MAP！　興味があるのはどの仕事？

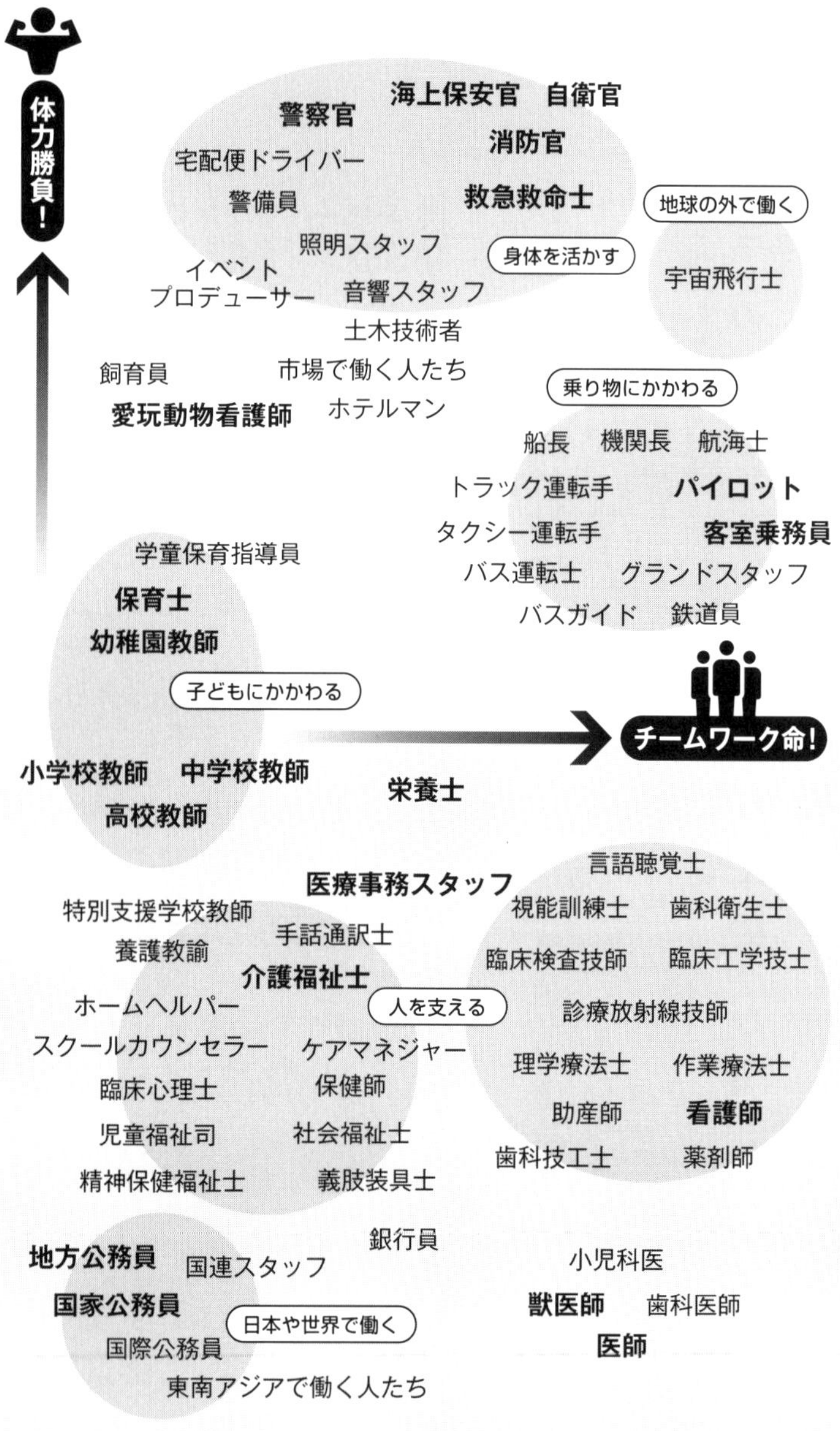
体力勝負！
チームワーク命！
身体を活かす
海上保安官
自衛官
警察官
消防官
宅配便ドライバー
警備員
救急救命士
照明スタッフ
イベント
プロデューサー
音響スタッフ
地球の外で働く
宇宙飛行士
土木技術者
飼育員
市場で働く人たち
愛玩動物看護師
ホテルマン
乗り物にかかわる
船長
機関長
航海士
トラック運転手
パイロット
タクシー運転手
客室乗務員
バス運転士
グランドスタッフ
バスガイド
鉄道員
子どもにかかわる
学童保育指導員
保育士
幼稚園教師
小学校教師
中学校教師
高校教師
栄養士
人を支える
医療事務スタッフ
言語聴覚士
特別支援学校教師
視能訓練士
歯科衛生士
手話通訳士
養護教諭
臨床検査技師
臨床工学技士
介護福祉士
ホームヘルパー
診療放射線技師
スクールカウンセラー
ケアマネジャー
理学療法士
作業療法士
臨床心理士
保健師
助産師
看護師
児童福祉司
社会福祉士
歯科技工士
薬剤師
精神保健福祉士
義肢装具士
日本や世界で働く
銀行員
地方公務員
国連スタッフ
小児科医
国家公務員
獣医師
歯科医師
国際公務員
医師
東南アジアで働く人たち

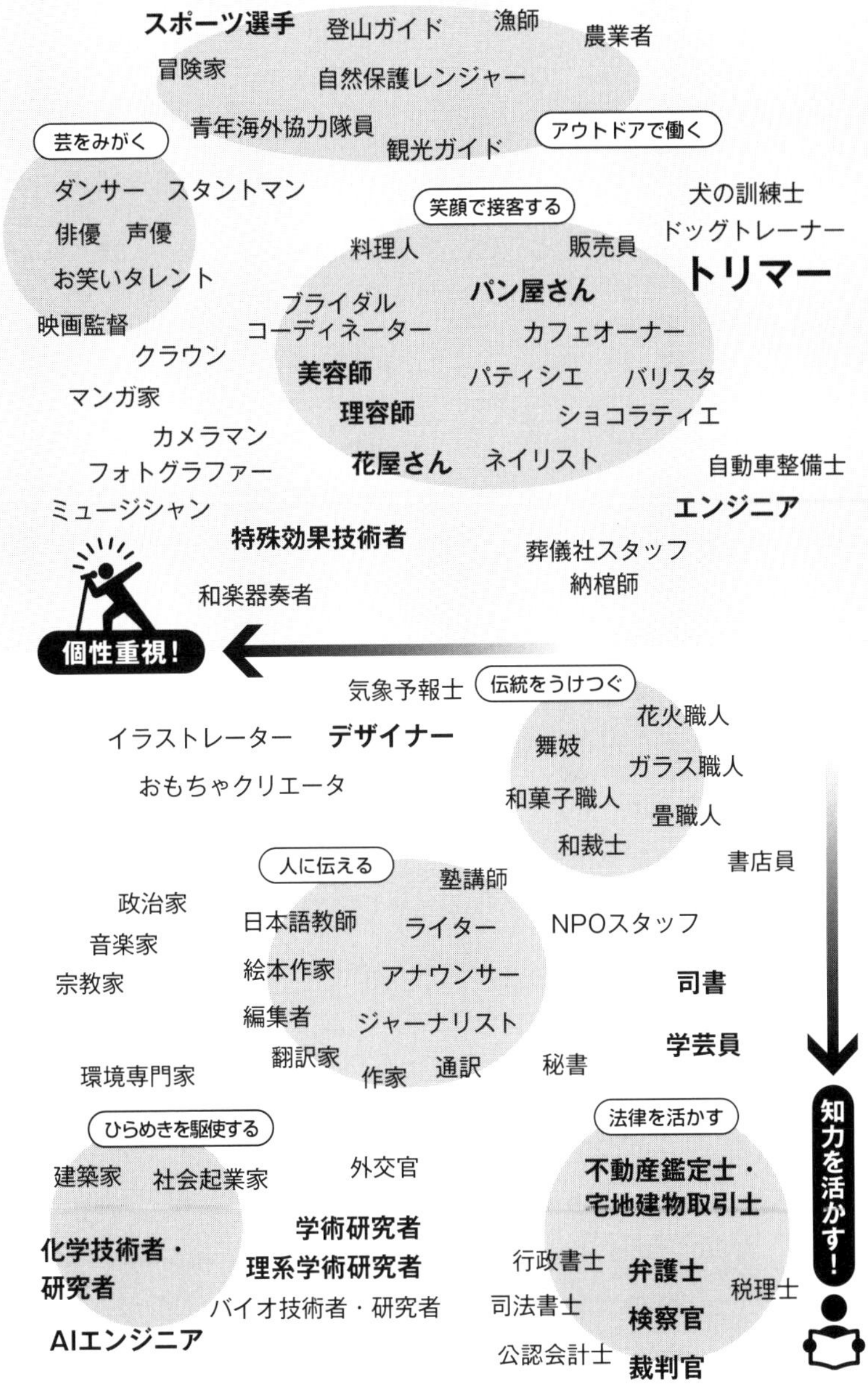
アウトドアで働く
スポーツ選手
登山ガイド
漁師
農業者
冒険家
自然保護レンジャー
青年海外協力隊員
観光ガイド
芸をみがく
ダンサー
スタントマン
俳優
声優
お笑いタレント
映画監督
クラウン
マンガ家
カメラマン
フォトグラファー
ミュージシャン
特殊効果技術者
和楽器奏者
笑顔で接客する
料理人
販売員
パン屋さん
ブライダルコーディネーター
カフェオーナー
美容師
パティシエ
バリスタ
理容師
ショコラティエ
花屋さん
ネイリスト
犬の訓練士
ドッグトレーナー
トリマー
自動車整備士
エンジニア
葬儀社スタッフ
納棺師
個性重視！
気象予報士
伝統をうけつぐ
花火職人
舞妓
ガラス職人
和菓子職人
畳職人
和裁士
イラストレーター
デザイナー
おもちゃクリエータ
書店員
人に伝える
塾講師
政治家
日本語教師
ライター
NPOスタッフ
音楽家
絵本作家
アナウンサー
司書
宗教家
編集者
ジャーナリスト
学芸員
翻訳家
作家
通訳
秘書
環境専門家
ひらめきを駆使する
建築家
社会起業家
外交官
化学技術者・研究者
学術研究者
理系学術研究者
バイオ技術者・研究者
AIエンジニア
法律を活かす
不動産鑑定士・宅地建物取引士
行政書士
弁護士
税理士
司法書士
検察官
公認会計士
裁判官
知力を活かす！

[著者紹介]

大岳美帆（おおたけ みほ）

フリーライター・編集者。編集プロダクション勤務を経て独立。社史やホリスティック医療系の会報をメインに執筆するほか、著書に『子犬工場ーいのちが商品にされる場所』（WAVE 出版）、『大学学部調べ 経営学部・商学部』『環境学部』『人間科学部』『高校調べ 商業科高校』（ぺりかん社）などがある。

トリマーになるには

2024年 5 月31日　初版第1刷発行

著　者　大岳美帆
発行者　廣嶋武人
発行所　株式会社ぺりかん社
〒113-0033　東京都文京区本郷1-28-36
TEL　03-3814-8515（営業）
03-3814-8732（編集）
http://www.perikansha.co.jp/
印刷所　大盛印刷株式会社
製本所　鶴亀製本株式会社

ISBN978-4-8315-1668-8　Printed in Japan

148 グランドスタッフになるには

京極祥江(フリーライター)著

❶空港の最前線で
❷グランドスタッフの世界［日本の航空業界史、グランドスタッフの仕事、グランドスタッフの一日、収入、将来性地］
❸なるにはコース［適性と心構え、グランドスタッフへの道のり、就職の実際他］

★★★

2 客室乗務員になるには

鑓田浩章(エディトリアルディレクター)著

❶笑顔でおもてなし　空が仕事場！
❷客室乗務員の世界［客室乗務員の誕生から現在まで、航空業界とは、生活と収入、将来性］
❸なるにはコース［適性と心構え、客室乗務員への道のり、就職の実際］

☆

139 絵本作家になるには

小野明(絵本編集者)・
柴田こずえ(フリーライター)著

❶絵本のつくり手たち［五味太郎さん他］
❷絵本作家の世界［絵本の特徴・構造・歴史、絵本をつくるためのヒント（酒井駒子さん他)、生活と収入］
❸なるにはコース／主な学校一覧

☆☆

53 声優になるには

山本健翔(大阪芸術大学大学院教授)著

❶声の「職人」たち［寿美菜子さん、小林親弘さん、小島幸子さん、間宮康弘さん］
❷声優の世界［声優の仕事、声優をとりまく人びと、生活と収入、将来性他］
❸なるにはコース［適性と心構え、声優に必要なこと、オーディションの現場他］

★★★

154 講談師・浪曲師になるには

小泉博明・稲田和浩著
宝井琴鶴(講談師)編集協力

❶伝統を現代の中で生かす［一龍斎春水、神田松之丞、東家一太郎、東家美］
❷講談師の世界［講談の歴史、収入他］
❸浪曲師の世界［浪曲の歴史、収入他］
❹なるにはコース［適正と心構え他］

★★★

35 販売員・ファッションアドバイザーになるには

浅野恵子(フリーライター)著

❶お買い物に感動を添えて
❷販売員・ファッションアドバイザーの世界［販売の仕事の基礎知識、「小売業」の歴史、生活と収入・将来性］
❸なるにはコース［就職・研修、資格］

☆

118 カフェオーナー・カフェスタッフ・バリスタになるには

安田理(フードビジネス企画開発室代表取締役)編著

❶コーヒーに魅せられて
❷カフェオーナー・カフェスタッフ・バリスタの世界［カフェ業界について学んでみよう、生活と収入、将来性他］
❸なるにはコース［専門学校、就職他］

☆

5 美容師・理容師になるには

大岳美帆・木村由香里著

❶お客さんをきれいにしたい！
❷美容師の世界［美容と理容の歴史、美容師が担う仕事と職場、生活と収入他］
❸理容師の世界［理容師とはなんだろう、理容師が担う仕事と職場、生活と収入他］
❹なるにはコース［養成校／資格取得他］

★★★

137 ネイリストになるには

津留有希(フリーライター)著

❶カラー口絵／爪先から女性を美しく！
❷ネイリストの世界［ネイルケア小史、ネイリストの仕事、生活と収入他］
❸なるにはコース［適性と心構え、ネイリストの働き方、学校訪問、ネイリストへの道、独立と開業他］

☆☆

162 特殊効果技術者になるには

小杉眞紀・山田幸彦著

❶特殊効果技術者の現場［ＶＦＸスーパーバイザー、特殊メイク、特撮美術］
❷特殊効果技術者の世界［特殊効果・視覚効果の歴史、収入と生活地］
❸なるにはコース［適性、資格や道のり、養成校、就職の実際他］

★★★★

112 臨床検査技師になるには
岩間靖典(フリーライター)著
❶現代医療に欠かせない医療スタッフ
❷臨床検査技師の世界［臨床検査技師とは、歴史、働く場所、臨床検査技師の1日、生活と収入、将来］
❸なるにはコース［適性と心構え、養成校、国家試験、認定資格、就職他］
★★★

13 看護師になるには
川嶋みどり(日本赤十字看護大学客員教授)監修
佐々木幾美・吉田みつ子・西田朋子著
❶患者をケアする
❷看護師の世界［看護師の仕事、歴史、働く場、生活と収入、仕事の将来他］
❸なるにはコース［看護学校での生活、就職の実際］／国家試験の概要］
☆

149 診療放射線技師になるには
笹田久美子(医療ライター)著
❶放射線で検査や治療を行う技師
❷診療放射線技師の世界［診療放射線技師とは、放射線医学とは、診療放射線技師の仕事、生活と収入、これから他］
❸なるにはコース［適性と心構え、養成校をどう選ぶか、国家試験、就職の実際］
★★★

147 助産師になるには
加納尚美(茨城県立医療大学教授)著
❶命の誕生に立ち会うよろこび！
❷助産師の世界［助産師とは、働く場所と仕事内容、連携するほかの仕事、生活と収入、将来性他］
❸なるにはコース［適性と心構え、助産師教育機関、国家資格試験、採用と就職他］
★★★

153 臨床工学技士になるには
岩間靖典(フリーライター)著
❶命を守るエンジニアたち
❷臨床工学技士の世界［臨床工学技士とは、歴史、臨床工学技士が扱う医療機器、働く場所、生活と収入、将来と使命］
❸なるにはコース［適性、心構え、養成校、国家試験、就職、認定資格他］
★★★

152 救急救命士になるには
益田美樹(ジャーナリスト)著
❶救急のプロフェッショナル！
❷救急救命士の世界［救急救命士とは、働く場所と仕事内容、勤務体系、日常生活、収入、将来性他］
❸なるにはコース［なるための道のり／国家資格試験／採用・就職他］
★★★

86 歯科医師になるには
笹田久美子(医療ライター)著
❶歯科治療のスペシャリスト
❷歯科医師の世界［歯科医療とは、歯科医療の今むかし、歯科医師の仕事、歯科医師の生活と収入、歯科医師の将来］
❸なるにはコース［適性と心構え、歯科大学、歯学部で学ぶこと、国家試験他］
★★★

58 薬剤師になるには
井手口直子(帝京平成大学教授)編著
❶国民の健康を守る薬の専門家！
❷薬剤師の世界［薬剤師とは、薬剤師の歴史、薬剤師の職場、生活と収入他］
❸なるにはコース［適性と心構え、薬剤師になるための学び方、薬剤師国家試験、就職の実際他］
★★★

34 管理栄養士・栄養士になるには
藤原眞昭(群羊社代表取締役)著
❶“食”の現場で活躍する
❷管理栄養士・栄養士の世界［活躍する仕事場、生活と収入、将来性他］
❸なるにはコース［適性と心構え、資格をとるには、養成施設の選び方、就職の実際他］／養成施設一覧
☆

151 バイオ技術者・研究者になるには
堀川晃菜(サイエンスライター)著
❶生物の力を引き出すバイオ技術者たち
❷バイオ技術者・研究者の世界［バイオ研究の歴史、バイオテクノロジーの今昔、研究開発の仕事、生活と収入他］
❸なるにはコース［適性と心構え、学部・大学院での生活、就職の実際他］
☆☆☆

★★★★…1700円　☆☆☆…1600円　★★★…1500円　☆☆…1300円　★★…1270円　☆…1200円(税別価格)

40 弁理士になるには
藤井 久子（フリーライター）著

❶知的財産を守る弁理士たち
❷弁理士の世界［弁理士とは、弁理士の歴史、知的財産権とは、仕事の内容と流れ、生活と収入、将来性他］
❸なるにはコース［適性と心構え、弁理士になるまでの道のり他］

★★★

63 社会保険労務士になるには
池田直子（特定社会保険労務士）著

❶社会保険と労務管理の専門家として
❷社会保険労務士の世界［社会保険労務士ってどんな人、誕生から現在、仕事、生活と収入、将来と使命他］
❸なるにはコース［適性と心構え、試験について、就職の実際他］

★★★

108 行政書士になるには
三田達治（三田行政書士事務所代表）編著

❶行政手続きのプロフェッショナルとして
❷行政書士の世界［行政書士の誕生から現在まで、ほかの「士業」との違い、行政書士の仕事、生活と収入、将来性他］
❸なるにはコース［適性と心構え／行政書士試験／独立開業他］

★★★

10 通訳者・通訳ガイドになるには
鑓田浩章（エディトリアルディレクター）著

❶日本と世界の懸け橋として
❷通訳者・通訳ガイドの世界［通訳者の誕生から現在まで、通訳者・通訳ガイドが活躍する現場、生活と収入、将来性］
❸なるにはコース［適性と心構え、通訳者への道、通訳関連の資格について他］

★★★

142 観光ガイドになるには
中村正人（ジャーナリスト）著

❶“おもてなし”の心をもって
❷通訳案内士の世界［観光ガイドを取り巻く世界、通訳案内士とは、生活と収入、通訳案内士になるには他］
❸添乗員の世界［添乗員とは、添乗員の仕事、生活と収入、添乗員になるには他］

☆

67 理学療法士になるには
丸山仁司（国際医療福祉大学教授）編著

❶機能回復に向けて支援する！
❷理学療法士の世界［理学療法の始まりと進展、理学療法士の仕事、理学療法士の活躍場所、生活・収入］
❸なるにはコース［養成校について、国家試験と資格、就職とその後の学習］

☆

97 作業療法士になるには
濱口豊太（埼玉県立大学教授）編著

❶作業活動を通じて社会復帰を応援する！
❷作業療法士の世界［作業療法の定義と歴史、作業療法の実際、生活・収入］
❸なるにはコース［適性と心構え、養成校について、国家試験、就職について］

☆

113 言語聴覚士になるには
㈳日本言語聴覚士協会協力
中島匡子（医療ライター）著

❶言葉、聞こえ、食べる機能を支援するスペシャリスト！
❷言語聴覚士の世界［働く場所、生活と収入、言語聴覚士のこれから他］
❸なるにはコース［適性と心構え、資格他］

★★★

150 視能訓練士になるには
㈳日本視能訓練士協会協力
橋口佐紀子（医療ライター）著

❶眼の健康管理のエキスパート
❷視能訓練士の世界［視能訓練士とは、働く場所、生活と収入、これから他］
❸なるにはコース［適性と心構え、養成校で学ぶこと、国家試験、就職について］

★★★

146 義肢装具士になるには
㈳日本義肢装具士協会協力
益田美樹（ジャーナリスト）著

❶オーダーメードの手足と装具を作る
❷義肢装具士の世界［働く場所と仕事内容、生活と収入、将来性他］
❸なるにはコース［適性と心構え、養成校、資格試験、採用・就職他］

★★★

105 保健師・養護教諭になるには

山崎京子（元茨城キリスト教大学教授）監修
鈴木るり子・標美奈子・堀篭ちづ子編著

❶人びとの健康と生活を守りたい
❷保健師の世界［保健師とは？、仕事と職場、収入・将来性、なるにはコース］
❸養護教諭の世界［養護教諭とは？、仕事と職場、収入・将来性、なるにはコース］

★★★

16 保育士になるには

金子恵美（日本社会事業大学教授）編著

❶子どもたちの成長に感動する日々！
❷保育士の世界［保育士の仕事、保育の歴史、保育士の働く施設と保育の場、勤務体制と収入］
❸なるにはコース［適性と心構え、資格取得について、採用について］

☆

19 司書になるには

森智彦（東海大学専任准教授）著

❶本と人をつなぐ仕事
❷司書の世界［図書館とは何か、司書・司書教諭・学校司書の仕事、図書館と司書の未来、生活と収入］
❸なるにはコース［適性と心構え、資格の取得方法、就職の実際他］

★★★

56 幼稚園教諭になるには

大豆生田啓友（玉川大学教育学部教授）著

❶子どもたちの最初の先生！
❷幼稚園教諭の世界［変化する幼稚園、幼稚園教諭の役割、幼稚園・認定こども園で働く人たち他］
❸なるにはコース［幼稚園教諭の適性、免許の取得方法、就職他］

★★★

110 学芸員になるには

横山佐紀（中央大学准教授）著

❶モノと知の専門家
❷学芸員の世界［博物館とはなんだろう、博物館の種類、学芸員とは、仕事と職場、さまざまな専門性、生活と収入他］
❸なるにはコース［適性と心構え、資格の取得方法、就職の実際他］

★★★

29 小学校教諭になるには

森川輝紀・山田恵吾著

❶子どもたちのかけがえのない日々
❷小学校教諭の世界［教師の歴史、小学校の組織とそこで働く人たち、一年間の仕事、一日の仕事、給与他］
❸なるにはコース［心構え、教員免許をとるために、教壇に立つには］

★★★

84 日本語教師になるには

益田美樹（ジャーナリスト）著

❶日本の文化と言語を世界へ！
❷日本語教師の世界［日本語教師とは、成り立ちと歴史、日本語教師の役割、仕事内容、職場、勤務状況と給与他］
❸なるにはコース［適性と心構え、日本語教師へのキャリアパス、就職他］

★★★

89 中学校・高校教師になるには

森川輝紀（福山市立大学教育学部教授）編著

❶生徒とともに学び続ける
❷中学校・高校教師の世界［中学校教師の職場と仕事、高校教師の１年間の仕事、実技系教師、給与他］
❸なるにはコース［心構え、資格を取るには、教壇に立つには］

☆

143 理系学術研究者になるには

佐藤成美（サイエンスライター）著

❶研究する日々の喜び！
❷理系学術研究者の世界［学術研究者と論文、理系の学問と研究分野、研究施設のいろいろ、生活と収入他］
❸なるにはコース［適性と心構え、理系学術研究者への道他］

☆

66 特別支援学校教諭になるには

松矢勝宏（東京学芸大学名誉教授）・
宮崎英憲・高野聡子編著

❶特別支援学校ってどんなところ？
❷特別支援学校教諭の世界［障害のある子どものための学校教育の歴史他］
❸なるにはコース［適性と心構え、必要な教員免許状、養成機関、採用・就職］

★★★

★★★★…1700円　☆☆☆…1600円　★★★…1500円　☆☆…1300円　★★…1270円　☆…1200円（税別価格）

130 検察官になるには
最高検察庁協力／
飯島一孝(元毎日新聞社編集委員)著
❶正義の心で捜査する！
❷検察官の世界［検察官とは何だろう？、検察の歴史、組織と仕組み他］
❸なるにはコース［適性と心構え、検事に必要な法曹資格、司法修習］
★★★

65 地方公務員になるには
井上繁(元常磐大学教授)編著
❶地域のために
❷地方公務員の世界［地方公務員とは、地方公務員の職場・組織、さまざまな地方公務員、生活と収入、将来］
❸なるにはコース［適性と心構え、試験の概要、就職の実際］
☆

132 裁判官になるには
最高裁判所協力／
飯島一孝(元毎日新聞社編集委員)著
❶良心と法律で判断
❷裁判官の世界［裁判とは何だろう？、裁判所と裁判官、裁判官の仕事他］
❸なるにはコース［資質と心構え、法曹資格の取り方、司法修習他］
★★★

20 国家公務員になるには
井上繁(元常磐大学教授)編著
❶国民全体の奉仕者として
❷国家公務員の世界［国家公務員とは、国家公務員の特殊性、役所の機構と業務、生活と収入他］
❸なるにはコース［適性と心構え、なるための道のり、試験の概要他］
☆

48 警察官になるには
山下久猛(フリーライター)著
❶市民の生活と安全を守る！［交番、白バイ隊員、生活安全課］
❷警察官の世界［警察の歴史、警察の組織と仕組み、生活と収入・将来性他］
❸なるにはコース［適性と心構え／採用試験／警察学校他］
☆☆☆

83 国際公務員になるには
横山和子(東洋学園大学特任教授)著
❶世界の平和と安全に取り組む国際公務員
❷国際公務員の世界［日本と国連とのかかわり、国連・国際機関の組織と仕組み、職場と仕事、生活と収入、将来性］
❸なるにはコース［適性と心構え、国際公務員への道のり、なるための準備］
★★★

88 消防官になるには
益田美樹(ジャーナリスト)著
❶あらゆる危険から人びとを守る！
❷消防官の世界［消防の歴史、消防の組織と仕組み、働く場所と仕事内容、生活と収入、将来性他］
❸なるにはコース［適性と心構え、採用試験、就職、消防学校］
★★★

51 青年海外協力隊員になるには
益田美樹(ジャーナリスト)著
❶自分の技術と経験を活かす青年海外協力隊員
❷青年海外協力隊員の世界［青年海外協力隊とは、青年海外協力隊の歴史、社会的意義と役割、選考と試験他］
❸ほかにもある海外協力［国連組織で働く、民間で行う支援］
★★★

114 自衛官になるには
岡田真理(フリーライター)著
❶自衛隊の現場
❷自衛官の世界［自衛隊とは、自衛隊の仕事、陸海空それぞれの役割、自衛隊の職種、自衛官の生活と収入他］
❸なるにはコース［適性と心構え、自衛官の採用試験、それぞれの養成学校］
★★★

21 弁護士になるには
日本弁護士連合会協力／
飯島一孝(元毎日新聞社編集委員)著
❶市民の事件や紛争を法律で解決！
❷弁護士の世界［弁護士とは何か、働く場所、生活と収入、弁護士のこれから他］
❸なるにはコース［適性と資質、法曹資格の取り方、司法修習、就職他］
★★★

【なるにはBOOKS】ラインナップ 税別価格 1170円〜1700円

1——パイロット
2——客室乗務員
3——ファッションデザイナー
4——冒険家
5——美容師・理容師
6——アナウンサー
7——マンガ家
8——船長・機関長
9——映画監督
10——通訳者・通訳ガイド
11——グラフィックデザイナー
12——医師
13——看護師
14——料理人
15——俳優
16——保育士
17——ジャーナリスト
18——エンジニア
19——司書
20——国家公務員
21——弁護士
22——工芸家
23——外交官
24——コンピュータ技術者
25——自動車整備士
26——鉄道員
27——学術研究者（人文・社会科学系）
28——公認会計士
29——小学校教諭
30——音楽家
31——フォトグラファー
32——建築技術者
33——作家
34——管理栄養士・栄養士
35——販売員・ファッションアドバイザー
36——政治家
37——環境専門家
38——印刷技術者
39——美術家
40——弁理士
41——編集者
42——陶芸家
43——秘書
44——商社マン
45——漁師
46——農業者
47——歯科衛生士・歯科技工士
48——警察官
49——伝統芸能家
50——鍼灸師・マッサージ師
51——青年海外協力隊員
52——広告マン
53——声優
54——スタイリスト
55——不動産鑑定士・宅地建物取引士
56——幼稚園教諭
57——ツアーコンダクター
58——薬剤師
59——インテリアコーディネーター
60——スポーツインストラクター
61——社会福祉士・精神保健福祉士
62——中小企業診断士
63——社会保険労務士
64——旅行業務取扱管理者
65——地方公務員
66——特別支援学校教諭
67——理学療法士
68——獣医師
69——インダストリアルデザイナー
70——グリーンコーディネーター
71——映像技術者
72——棋士
73——自然保護レンジャー
74——力士
75——宗教家
76——CGクリエータ
77——サイエンティスト
78——イベントプロデューサー
79——パン屋さん
80——翻訳家
81——臨床心理士
82——モデル
83——国際公務員
84——日本語教師
85——落語家
86——歯科医師
87——ホテルマン
88——消防官
89——中学校・高校教師
90——愛玩動物看護師
91——ドッグトレーナー・犬の訓練士
92——動物園飼育員・水族館飼育員
93——フードコーディネーター
94——シナリオライター・放送作家
95——ソムリエ・バーテンダー
96——お笑いタレント
97——作業療法士
98——通関士
99——杜氏
100——介護福祉士
101——ゲームクリエータ
102——マルチメディアクリエータ
103——ウェブクリエータ
104——花屋さん
105——保健師・養護教諭
106——税理士
107——司法書士
108——行政書士
109——宇宙飛行士
110——学芸員
111——アニメクリエータ
112——臨床検査技師
113——言語聴覚士
114——自衛官
115——ダンサー
116——ジョッキー・調教師
117——プロゴルファー
118——カフェオーナー・カフェスタッフ・バリスタ
119——イラストレーター
120——プロサッカー選手
121——海上保安官
122——競輪選手
123——建築家
124——おもちゃクリエータ
125——音響技術者
126——ロボット技術者
127——ブライダルコーディネーター
128——ミュージシャン
129——ケアマネジャー
130——検察官
131——レーシングドライバー
132——裁判官
133——プロ野球選手
134——パティシエ
135——ライター
136——トリマー
137——ネイリスト
138——社会起業家
139——絵本作家
140——銀行員
141——警備員・セキュリティスタッフ
142——観光ガイド
143——理系学術研究者
144——気象予報士・予報官
145——ビルメンテナンススタッフ
146——義肢装具士
147——助産師
148——グランドスタッフ
149——診療放射線技師
150——視能訓練士
151——バイオ技術者・研究者
152——救急救命士
153——臨床工学技士
154——講談師・浪曲師
155——AIエンジニア
156——アプリケーションエンジニア
157——土木技術者
158——化学技術者・研究者
159——航空宇宙エンジニア
160——医療事務スタッフ
161——航空整備士
162——特殊効果技術者
補巻16 アウトドアで働く
補巻17 イベントの仕事で働く
補巻18 東南アジアで働く
補巻19 魚市場で働く
補巻20 宇宙・天文で働く
補巻21 医薬品業界で働く
補巻22 スポーツで働く
補巻23 証券・保険業界で働く
補巻24 福祉業界で働く
補巻25 教育業界で働く
補巻26 ゲーム業界で働く
補巻27 アニメ業界で働く
補巻28 港で働く
別巻 会社で働く
高校調べ 総合学科高校
高校調べ 農業科高校
高校調べ 商業科高校
高校調べ 理数科高校
高校調べ 国際学科高校
教科と仕事 英語の時間
教科と仕事 国語の時間
教科と仕事 数学の時間
学部調べ 獣医学部
学部調べ 農学部
学部調べ 生活科学部・家政学部
—— 以降続刊 ——

※一部品切・改訂中です。 2024.5.